水环境保护与监测技术研究

魏 薇 著

北京工业大学出版社

图书在版编目（CIP）数据

水环境保护与监测技术研究 / 魏薇著 . — 北京：
北京工业大学出版社，2022.12
ISBN 978-7-5639-8533-3

Ⅰ．①水… Ⅱ．①魏… Ⅲ．①水资源保护－研究②水
环境－环境监测 Ⅳ．① TV213.4 ② X832

中国版本图书馆 CIP 数据核字（2022）第 251438 号

水环境保护与监测技术研究

SHUIHUANJING BAOHU YU JIANCE JISHU YANJIU

著　者：魏　薇
责任编辑：张　娇
封面设计：知更壹点
出版发行：北京工业大学出版社
　　　　　　（北京市朝阳区平乐园 100 号　邮编：100124）
　　　　　　010-67391722（传真）　bgdcbs@sina.com
经销单位：全国各地新华书店
承印单位：北京银宝丰印刷设计有限公司
开　　本：710 毫米 ×1000 毫米　1/16
印　　张：6.25
字　　数：125 千字
版　　次：2022 年 12 月第 1 版
印　　次：2022 年 12 月第 1 次印刷
标准书号：ISBN 978-7-5639-8533-3
定　　价：48.00 元

作者简介

　　魏薇，山东省微山县人，毕业于山东师范大学，研究生学历，现任职于山东省济宁生态环境监测中心，高级工程师。主要研究方向：环境监测。

前　言

　　水是生命之源，是人类生存和社会经济发展的基础。水环境保护对社会生态文明建设有着重要的意义。随着经济的高速发展和城市化进程的加快，我国日趋严重的水环境污染问题已经严重制约人们的生产生活和经济发展。水体污染与面积扩大、河湖富营养化、生态系统退化等一系列突出环境问题相继出现，使得水资源量和水环境质量成为未来社会经济发展的关键限制因素。水环境保护关系着社会发展与进步，水环境监测则是水环境保护的重要内容。目前，我国环境保护工作已经成为政府工作中的核心内容。环境保护工作能改善人们的生存环境，保障人们生活质量的提高。所以，要不断强调环境保护工作的重要性，宣传保护工作内容，促进环境保护工作的全面升级，尤其要做到对水环境的实时监控，并加强环境监测工作，完善水环境监测管理体系，同时积极引进先进的水质监测技术和设备，确保人们的生活用水与水环境处于良好状态下，进而有效地保护环境。

　　本书共五章。第一章为绪论，主要阐述了水资源的特征、水环境问题的产生、水环境保护的意义与内容、水环境监测的对象与内容等内容；第二章为水体污染及其危害，主要阐述了水体污染的原因与途径、水体污染物的来源与种类、水体污染的危害等内容；第三章为水环境保护与监测概况，主要阐述了水环境保护概况、水环境监测概况等内容；第四章为水环境监测的主要技术，主要阐述了水环境自动监测技术、水环境生物监测技术、水环境遥感监测技术等内容；第五章为水环境保护与监测策略，主要阐述了水环境保护策略、水环境质量监测与评价等内容。

　　在撰写本书过程中，作者借鉴和吸收了前人许多的研究成果，参考了大量的文献资料。在此，谨向各位专家、学者和文献的原作者表示诚挚的谢意！

　　由于作者的学识有限，书中难免有疏漏之处，敬请各位专家、读者不吝赐教。

目　录

第一章 绪 论

中国作为一个人口大国，正面临着水资源较为严重的短缺问题，同时，随着工业化的不断推进，水资源的污染和浪费问题也日益突出，这对于我们国家的发展产生了一定的阻碍作用。因此，为了提高水资源的利用率，必须加大对水资源的开发利用力度，并采取相应的措施对水环境进行保护和监测，以实现水资源价值的最大化。为此，首先需要了解水资源和水环境的相关理论知识。本章分为水资源的特征、水环境问题的产生、水环境保护的意义与内容、水环境监测的对象与内容四部分。

第一节 水资源的特征

一、水资源的概念界定

世界气象组织和联合国教科文组织将水资源定义为"可资利用或有可能被利用的水源"，这是对广义水资源含义的典型解释，即水资源是自然界一切水体所包含的水源。而狭义的水资源特指在现有技术条件下，能够被人类使用、为人类带来社会效益的水源。

由此可知，水资源包括"地表水、地下水和其他"，可以是降水、河流水、湖泊水、土壤水、水库水、地下淡水、洪水、淡化海水、污水等。

二、水资源的特征

水一直处于不停运动着的状态，积极参与自然环境中一系列物理的、化学的和生物的作用过程，由此表现出水作为自然资源所独有的特征。水资源是一种特殊的自然资源，是具有自然属性和社会属性的综合体。

（一）自然属性方面的特征

1. 储量的有限性

全球淡水资源并非取之不尽用之不竭的，它的储量十分有限。全球的淡水资源仅占全球总水量的 2.5%，其中又有很大一部分储存在极地冰帽和冰川中，很难被利用，因此真正能够被人类直接利用的淡水资源非常少。

尽管水资源是可再生的，但在一定区域、一定时段内可利用的水资源总量总是有限的。以前人们错误地认为，世界上的水是无限的，从而大肆开发利用水资源。事实说明，人类必须有一个正确的认识，保护有限的水资源。

2. 资源的循环性

水资源是不断流动循环的，并且在循环中形成一种动态资源。地表水、地下水、大气水之间通过水的这种循环永无止境地进行着互相转化，没有开始也没有结束。

水循环系统是一个庞大的天然水资源系统，由于水资源具有不断循环、流动的特性，从而可以再生和恢复，为水资源的可持续利用奠定物质基础。

3. 可更新性

自然界中的水处于不断循环、流动的过程中，使得水资源可以不断地更新，这就是水资源的可更新性，也称为可再生性。

水资源的可再生性是水资源可供永续开发利用的本质特性，这主要源于以下两个方面。

第一，水资源在水量上损失（如蒸发、流失、取用等）后，通过大气降水可以得到恢复。

第二，水体被污染后，通过水体自净（或其他途径）可以得以更新。

不同水体更新一次所需要的时间不同，如大气水平均每 8 天可更新一次，而极地冰川的更新速度则更为缓慢，更替周期可长达万年。

4. 多态性

自然界的水资源呈现出液态、气态和固态等不同的形态。它们之间可以相互转化，形成水循环的过程，也使得水呈现出了多种存在形式，在自然界中无处不在，在地表形成了一个大体连续的圈层——水圈。

（二）社会属性方面的特征

1. 利用的多样性

水资源是人类生产和生活中不可缺少的，在发电、水运、水产、旅游和环境改造等方面都发挥着重要作用。用水目的不同，对水质的要求也表现出差异，因此水资源表现出一水多用的特征。

现如今，人们对水资源的依赖性逐渐增强，也越来越发现其用途的多样性。特别是在缺水地区，人们因为水而发生矛盾或冲突也不是稀奇的事情。对水资源一定要充分地开发利用，尽量减少浪费，满足人类对水资源的各种需求，同时要保证不会对水资源造成严重的破坏和影响。

2. 公共性

水是自然界赋予人类的一种宝贵资源，它不属于任何一个国家或个人，而是属于全人类。水资源养活了人类，推动着人类社会的进步、经济的发展。获得水的权利是人的一项基本权利，这表现出水资源具有公共性。

3. 商品性

长期以来，人们都错误地认为水是无穷无尽的，从而大肆地开采浪费。但是，随人口的增多、经济社会的不断发展，使得人们对水资源的需求日益增加，水对人类生存、经济发展的制约作用逐渐显露出来。水成了一种商品，人们在使用时需要支付一定的费用。水资源在一定情况下表现出了消费的竞争性和排他性（如生产用水），具有私人商品的特性，但是当水资源作为水源地生态用水时，仍具有公共商品的特点，所以它是一种混合商品。

三、水资源利用的理论依据

（一）水资源可持续利用理论

水资源可持续利用是指水资源能够长期使用，具有可再生的能力，对水资源的利用不破坏自然环境，且能够达到人们满意的程度。水资源的可持续利用蕴含着哲学观，有一种能够使人类社会不断传承和长期发展的伦理价值。这种伦理价值代表了人类社会中的每一代人都具有利用现有资源充分造福社会的权利，每一代人为了生存和发展都可以利用现有的资源。

人类如果为了满足欲望而对水资源过度开采利用，将会打破水资源的可持续利用原则，损害后代人的正当利益。对于后代人来说，他们无法阻止这种事情的发生，但是对于当代人来说是可以阻止的，当代人应从道德义务的角度出发，公平公正地处理当代人与后代人之间因为利益而产生的冲突。

（二）外部性理论

外部性理论在我国流域水环境管理中发挥着重要作用。外部性是指在经济活动中发生的，由于非市场因素对生产者或消费者造成的有益或有害的影响，当产生的影响有益时可称为外部经济性，反之为外部不经济性。人类在水资源利用的过程中过度使用水资源造成产出成本增加，或是破坏了未来水资源的可获取量，而存在的外部效应就是资源外部效应。水资源在某一时期或某一流域中具有外部性的特征，这种外部性表现为五种形式，分别是获取水资源的成本外部性、流域内存水量的外部性、代际外部性、环境外部性和获取水的设施投资外部性，正因为这些方面的外部性，使得节约用水、实现水资源的可持续发展任重道远。

1. 获取水资源的成本外部性

在某个流域或某个时期，水资源的可获取量基本稳定，这个流域内过度使用水资源，从而使水资源的单位产出成本增加。如果拥有取水权的一方在取水阶段需要向另一方支付更多的外部性费用，则拥有取水权的另一方在取水阶段需要支付更多的外部性费用。也就是说，上游水权人增加取水量将影响下游水权人的收入，而不承担相应的成本。

2. 流域内存水量的外部性

假设一个用水人使用的水比规定的多了一个单位，但是在这个时期内这个流域的存水量是一定的，这就导致其他用水人可以得到的水资源存量减少了，这就是流域内存水量的外部性。

3. 代际外部性

代际外部性是几代人之间的水资源利用问题，以水资源可持续利用为出发点，分析了这代人与下一代人甚至下几代人之间用水行为的福利影响。当然，下一代或者下几代的用水福利主要掌握在当代人的决策中，也就是说，当代人决定如何用水，将直接影响后代人的用水福利。

4. 环境外部性

环境外部性主要是指人类在不科学利用、过度开发水资源过程中，对自然环境造成破坏。主要表现为地下水位的下降，干旱地区的土壤盐碱化等。这些现象都会使得水资源的可持续利用能力下降，导致社会边际成本的增加，但是这些水资源的使用者并不对这个后果负责。

5. 获取水的设施投资外部性

在水资源获取设施建设完成并投入使用后，全部的支出就转变成沉没成本，这就使得每个人都可以免费使用，造成后期投资者、使用者缺乏对水利设施的供应与维护，市场机制在资源分配中变得无效。有些用水者持有"搭便车"思想和机会主义倾向，导致市场调控失灵，市场反映出的价格并不是实际的边际社会效益或成本。

（三）水资源优化配置论

1.水资源优化配置的概念

水资源优化配置主要从宏观和微观两个层面进行界定。其定义是指根据市场经济发展的需要，为了促进社会的共同发展，根据流域或特定区域可持续发展的原则，通过在不同时间和空间，在保持现有经济生产价值的基础上，在不同的水利部门和用户之间分配水资源，从而实现社会、环境和经济效益最大化的一种水资源控制分配工程。可以注意到，现在的最优配置不仅是供水和用户之间的关系，而且还考虑了经济、环境和社会发展之间的各种因素。水资源优化配置的目标是满足部门需水需求、社会可持续发展和水环境可持续平衡。水资源的优化配置体现在两个方面：供水管理和需水需求管理。在供水方面，需要扩大目前可以供应的水资源的分配工程，通过扩大取水项目来提高供水能力，改变水资源的空间分布环境，并解决由于分布不均而造成的缺水问题。在水资源需求方面，需要调整行业的结构，发展高效和节水产业，减少水需求，以解决当前的水资源短缺状况。

总之，水资源优化配置的概念不仅可以从水环境的角度来定义，而且与环境、社会发展、技术和生活水平等诸多因素有关。在不同的方面，水资源分配的重要性也有所不同。

2.水资源优化配置的原则

水资源优化配置不能盲目，优化配置必须遵循一定的原则。根据水资源的特点，优化配置必须遵循宏观调控和总量调控的原则；根据配置特点，优化配置必须遵循有效、公平的分配原则；在水资源开发时，优化配置必须符合可持续发展的原则；在经济和社会发展时，优化配置必须符合优先和有效利用的原则；从水资源管理的角度来看，优化配置必须符合一体化和系统性原则。具体来讲，包括以下几方面。

（1）宏观调控原则

水资源是必不可少的自然资源。根据《中华人民共和国水法》的规定，水资源的所有权属于国家和公众。在此基础上，水资源是所有生活领域的公共资源。水资源的经济特性使其成为市场经济调节的物品。水资源的自然和经济特性决定了水资源的优化配置不能由政府或市场单方面管理，而应在市场配置环境下由国家进行宏观调控。水资源优化配置必须遵循宏观调控原则。

水环境综合治理要以政府为指导，两手抓，推进科学决策和现代化管理，打造智慧水源。在环境可持续性和流域综合治理方面，要进行制度创新，充分发挥市场机制的作用，多渠道筹集资金，加快流域重点供水系统建设和重点连接点创新管理，努力发展建设一个动态、高效、开放、友好的水资源配置管理制度。

（2）总量控制原则

在水资源短缺的地区，优化配置的主要目标是实现水资源的供需平衡，经常通过实现总量可控性来实现供需平衡。为了加强水资源的科学管理，进一步实现生产、生活等方面的需水保障，建立了计划需水和需水标准保障指标体系，实行需水定额管理。如果超出计划或定额部分，将采取严厉的法律措施，将外部的水资源竞争转化为内部的节水空间挖掘。总量控制不仅包括水量控制，还包括污染排放量限制，通过减少水资源的污染来解决水资源短缺的问题。

（3）有效性原则

区域水资源优化配置的有效性是指在合理进行水资源配置的同时，能够给区域社会经济和环境带来效益。通过科学手段进行水资源配置，可以产生一定的经济效益，但是也会产生供水费用及造成环境破坏，应该综合考虑区域水资源优化配置，合理调配水资源，降低供水过程中水资源的损耗，提高用水效率，使得最终综合效益最大化。

（4）公平性原则

水资源所有权属于国家，水资源是全体人民的共同财产，每个人都有权平等使用水资源，特别是满足水资源短缺地区的基本需水需求。同时，在农业灌溉和工业生产中不可或缺，水资源被广泛用作基础资源，根据公平性原则，水资源的优化配置必须协调社会各级不同需水户之间的水资源矛盾，并符合所有利益相关者的利益。公平性不仅关乎生产、生活和生态之间的相互协调，还要关注在不同区域（上游和下游）之间能否实现公平分配。这种公平性不是绝对的平均，而是对每个地区的需水需求给予同样的重视。公平不仅应该体现在资源的规划使用中，而且应该体现在水保护项目的实施、管理体制的改革、水价机制和投资政策的调整中。

（5）可持续性原则

可持续发展理论强调社会、经济和生态的全面发展。从水资源优化配置的角度来看，水资源应该把社会发展、经济增长和生态和谐统一起来，作为人类现代化进程中最基本的物质基础之一。可持续发展理论起源于对长时间以来破坏环境现象的思考，其中，自然资源的可持续发展与利用一直是重要的课题。随着经济社会的高速发展，人们对水资源的需求不断提高，但是过度使用水资源容易影响生态环境的平衡，水环境的恶化还会影响日常的生产和生活。因此，在配置水资源时必须考虑其在短期和长期的可持续性，就像我们现在的发展不能影响到子孙后代的后续发展。除此之外水资源优化配置必须以社会、经济、生态全面可持续发展为首要目标。只有这样，才能实现经济社会快速、有效、公平、协调、多维的健康发展。水资源优化配置是水资源可持续发展的重要保障。

（6）优先性原则

当水资源有限、同时需水量不同时，可按优先原则配置。生存是人类的主题，在极端干旱或随后的干旱年份，人类生存所需的基本生活用水应被列为最优先的需水需求之一。此外，取水系统明确规定，在向居民提供可需水时，取水应是优先事项。作为一种自然资源，水流的范围特性影响着人类活动，还应考虑区域生态需水，以弥补对自然的破坏。对于有水流的地区，应优先获得集水区的水资源权，以减少集水资金的消耗。在保护开放水资源和减少水资源浪费的措施中，应优先考虑节水与节水型城市建设思想相一致。

（7）一体化原则

水资源配置结果不能全部实现每个需水单位需水情况的优化，而是在针对多种因素做出全面的权衡和考虑后谋求集体利益的最大化。水资源保护、废水处理、水资源配置和与水资源相关的其他工作由不同的部门进行。因此，在一些权利和职责上，边界不清，有时会产生一定的权利跨越，不利于更加全面有效地管理水资源。按照一体化原则实施水资源优化配置方案，协调区域和部门之间的水资源配置问题，通过优化管理、统一利用等方式，进一步实现水资源的高效利用和可持续发展。

（8）系统性原则

水资源配置是一个系统性、复杂的问题，往往在水资源配置中，不仅要系统地、全面地考虑水源与水源间的相互关系，还要考虑水源与用水户的关系，与此同时，还应该将区域水环境、水循环、水量平衡和社会经济联系起来。

3. 水资源优化配置机制

为了建立水资源优化配置模型，我们需要从资源配置机制入手，分析资源数量、范围、结构和利用的经济机制。根据资源配置机制的特点，可分为以下三种类型。

（1）低成本优化配置水资源

这种低成本分配机制旨在确定科学合理的水价作为目标水价，从而使目标水价的效益价值与增加供水单元的边际成本相对应。该机制认为，为了实现社会的最优分配和各经济部门的最大生产价值，即水价必须等于边际成本，才能实现效益最大化。

（2）基于市场机制优化配置水资源

通过市场手段调节资源配置的经济行为模式是市场经济。市场经济有竞争机制，根据交易规则和市场价值规律，结合该机制的运行，我们可以合理控制供水方向，在所有供水部门获得更高的效益价值，而无须投资新的高成本技术装置。通常采用市场监管这一有效手段来优化资源配置，但是市场调节有时会出现功能有限、失灵和滞后等问题，这就要求国家宏观经济保持供需总体平衡。

（3）通过行政手段实现水资源优化配置

水资源属于自然资源，是一种流动性强、不同于一般资源便于管理和规划的公共资源。例如，大型河流流域的水资源管理是政府根据水资源供需水的总体规划，为公共服务和人民生活进行组织。企业取水由国家颁发取水许可证来进行管理，企业废水取水由国家颁发废水处理许可证来进行监管。政府计划通过行政措施建设水电站，虽然保护水制度良好，能源生产不会直接消耗水资源，但这将会改变河道的监管规则。此外，海水、渔业和湿地的建设受到社会需水的限制，政府必须采取行政措施协调规划。在水资源的协调管理过程中，政府始终需要扮演着一定的角色。政府也是一个存在于所有需水者中间的组织，它不同于水务部门在优化配置中起着统筹全局的作用。

目前，水资源配置机制主要以行政措施的形式存在，不能满足考虑多个配置机制合作实施多元化分配管理体制的需求。行政管理的形式不能充分满足分配效率和公平性的要求，导致需水户之间出现矛盾和冲突，同时也破坏资源的可持续利用，造成水价不合理，进而造成浪费。但现阶段，随着水价体系和市场经济的逐步完善，差异化配置机制将逐步理顺，逐渐实现可持续利用的最终目标。

4.水资源优化配置模型

水资源配置模型是以配水为主要目标的水资源配置系统。以系统分析理论和运筹学理论为基础，结合具体配水工程和水资源配置的各种数学模型，建立计算机模型，优化系统的整体功能，实现系统的可持续利用。其主要目标是利用现有的工程和非工程资源，合理分配水资源。

水资源系统的分析方法，第一个是优化，第二个是模拟。优化分析方法一般采用数学规划，注重水资源的宏观分析和空间配置，求解优化目标函数和边界方程，得到优化结果。模拟分析方法侧重微观分析和时间配置，模拟和计算一些优化方案，然后从评估指标中获得不同的比选值，并对优化结果进行评估和验证。

（1）线性规划和非线性规划模型

线性规划模型用于求解具有等式或不等式的线性约束和线性函数对象的函数

优化问题，主要用于解决资源分配和存储问题，以寻找效益最大或最小的优化方案。线性规划模型通常用于解决只有两个变量的线性规划问题；非线性规划模型用于解决约束条件或目标函数中有一个或多个非线性函数的优化问题。

（2）动态规划模型

动态规划模型是解决多阶段决策优化问题的数学模型。所谓多阶段决策问题就是根据问题的时间或空间特征做出最优决策。实际上，这是一个相对简单的线性或非线性规划问题。将原问题分解为多个子问题，依次得到每个子问题的最优解。最后一个问题的最优解就是原问题的最优解。求解过程中所需的模型和解决方案并不独特，这就会增加求解的工作量。

（3）多目标模型

上述所有模型都是解决单一目标的问题，但一个涵盖经济、社会、生态等多种目的的综合系统需要一个多目标模型。多目标模型就创建了一个由决策变量、目标函数和约束组成的多用途模型。它的一个明显特性是目标函数包含两个或多个单独的目标。

第二节 水环境问题的产生

水环境问题是伴随着人类对自然环境的作用而产生的。长期以来，自然环境给人类的生存发展提供了物质基础和活动场所，而人类则通过自身的活动来改变环境。随着科学技术的迅速发展，人类改变环境的能力日益增强，发展引起的环境污染使人类不断受到惩罚，甚至使自身赖以生存的物质基础受到严重破坏。目前，环境问题已成为当今制约人类社会发展的关键问题之一。从人类历史发展的角度来看，环境问题的发展过程可以分为以下三个阶段。

一、生态环境早期破坏阶段

此阶段从人类出现以后直至工业革命开始前，所以又称为早期环境问题。在原始社会时期，由于生产力水平极低，人类依赖自然环境，过着以采集天然植物为生的生活。此时，人类主要是利用环境，很少有意识地改造环境，因此，当时环境问题并不突出。到了奴隶社会和封建社会时期，由于生产工具不断进步，生产力逐渐提高，人类学会了驯化野生动植物，出现了农耕作业和渔牧业的劳动分工。人类利用和改造环境的力量增强，与此同时，也产生了相应的生态破坏问题。由于过量地砍伐森林，盲目开荒，乱采乱捕，滥用资源，破坏草原，造成了水土流失、土地沙化和轻度环境污染问题。这一阶段的人类活动对环境的影响还是局部的，没有达到影响整个生物圈的程度。

二、近代城市环境问题阶段

此阶段从工业革命开始到 20 世纪 80 年代发现南极上空的臭氧空洞为止。18世纪后期欧洲的一系列发明和技术革新大大提高了人类社会的生产力，人类以空前的规模和速度对能源和其他资源进行开采、消耗。新技术使欧洲和美国等地在不到一个世纪的时间里先后进入工业化社会，并迅速向世界蔓延，又使得在世界范围内形成发达国家和发展中国家的差别。这一阶段的环境问题是跟工业和城市同步发展的，发生了震惊世界的八大公害事件，其中日本的水俣病事件、富山骨痛病事件均与水污染有关。

与前一时期的环境问题相比，这一时期是世界上第一次环境问题的高潮时期。这一时期环境问题的特点是由工业污染向城市和农业污染发展、由点源污染向面源污染发展、由局部污染向区域性和全球性污染发展。

三、全球性环境问题阶段

它始于 1984 年英国科学家发现在南极上空出现"臭氧空洞"，构成了第二次世界环境问题高潮。这一阶段环境问题的核心是与人类生存休戚相关的"淡水资源污染""海洋污染""全球气候变暖""臭氧层破坏""酸雨蔓延"等全球性环境问题，引起了各国政府和全人类的高度重视。

该阶段环境问题的影响是大范围乃至全球性的，因此是人人难以回避的。第一阶段环境问题主要出现在发达国家，而当前出现的环境问题，既包括发达国家，也包括发展中国家。发展中国家不仅与国际社会面临的环境问题休戚相关，而且本国也面临诸多的环境问题，像植被破坏和水土流失加剧造成的生态问题等，是比发达国家的环境污染更大、更难解决的问题。当前出现的环境问题既造成了对人类健康的危害，又显现了生态环境破坏对社会经济持续发展的威胁。

总体来看，水环境问题自古就有，并且随着人类社会的发展而发展，人类越进步，水环境问题也就越突出。发展和环境问题是相伴而生的，只要有发展，就不能避免环境问题的产生。要解决环境问题，就要从人类、环境、社会和经济等综合的角度出发，找到一种既能实现发展又能保护好生态环境的方法，协调好发展和保护环境的关系，从而实现人类社会的可持续发展。

第三节　水环境保护的意义与内容

一、水环境保护的意义

（一）提高人们的水环境保护和管理意识

水资源开采利用过程中会产生的许多问题，都是由于人类不合理利用以及缺乏保护意识造成的。让更多的人参与水环境的保护与管理，加强水环境保护与管理教育，以及普及水资源知识，进而增强人们的水法治意识和水资源观念，提高人们的水环境管理和保护意识，自觉地珍惜、合理地用水，从而可为水环境的保护与管理创造一个良好的社会环境与氛围。

（二）缓和并解决各类水问题

进行水环境保护与管理，有助于缓和或解决在水资源开发利用过程中出现的各类水问题，如通过采取高效节水灌溉技术，减少农田灌溉用水的浪费，提高灌溉水利用率；通过提高工业生产用水的重复利用率，减少工业用水的浪费；通过建立合理的水费体制，减少生活用水的浪费；通过采取一些蓄水和引水等措施缓解一些地区的水资源短缺问题。

（三）保证人类社会的可持续发展

水是生命之源，是社会发展的基础。进行水环境保护与管理研究，建立科学合理的水环境保护与管理模式，实现水资源的可持续开发利用，能够确保满足人类生存、生活和生产以及生态环境等用水的长期需求，从而为人类社会的可持续发展打下坚实的基础。

二、水环境保护与管理的内容

水环境保护与管理的主要内容如下。

①水资源含义及特点：水资源量及其分布，水资源的重要性与用途，水资源保护与管理的意义。

②水资源开发与利用：水资源开发利用形式，需水量预测，可供水量预测，水资源供需平衡计算与分析。

③水资源保护：水资源保护的概念，天然水的组成与性质，水体污染，水质

模型，水环境标准，水质监测与评价，水资源保护措施。

④水资源优化配置：水资源优化配置内涵，水资源优化配置基本原则，水资源优化配置内容与模型，面向可持续发展的水资源优化配置。

⑤水灾害及其防治：水灾害属性，水灾害类型及其成因，水灾害危害，水灾害防治措施。

⑥节水理论与技术：节水内涵，生活节水，工业节水，农业节水，城市污水回用。

⑦水资源管理：水资源管理的概念，水资源管理的目标，水资源管理的原则，水资源管理的内容，国外水资源管理概况及经验，水资源法律管理，水资源水量与水质管理，水价管理，水资源管理信息系统。

第四节　水环境监测的对象与内容

一、水环境监测的对象

水环境监测，就是通过适当的方法对影响环境质量的因素（即环境质量指标）的代表值进行测定，从而确定水环境质量及其变化趋势。水环境监测的对象，可分为受纳水体的水质监测和水的污染源监测。前者包括地表水（如江、河、湖、水库、大海等）和地下水；后者包括工业废水、生活污水等。

水环境监测的目的主要是为水环境研究、模拟、预测、评价、规划、管理和制定环境政策、标准等提供基础资料和依据。

二、水环境监测的内容

（一）水环境监测项目

水环境监测的项目，随水体功能和污染源的类型不同而异，其污染物种类繁多，可达成千上万种，不可能也无必要一一监测，而是根据实际情况和监测目的，选择环境标准中那些要求控制的影响大、分布范围广、测定方法可靠的环境指标项目进行监测。例如，在《地表水环境质量标准》（GB 3838—2002）中，规定的基本水质指标项目为 24 项，如水温、pH 值、溶解氧、化学需氧量等，这些是水质评价时必须要求的；若水体为集中式生活饮用水地表水源地，需补充 5 个项目（如氯化物、铁、锰等），还可根据需要在集中式生活饮用水地表水源地特定的 80 个项目中的选若干项。

（二）水质监测指标的分析方法

正确选择监测水质指标的分析方法（测定方法），是获得准确测定结果的关键因素之一。选择测试分析方法的原则是方法成熟、准确，操作简便，抗干扰能力好，成果可靠。根据上述原则，各国在大量实践的基础上，对各类水体的水质都编制了相应的测试分析方法技术规范。这些技术规范包括以下三个层次，它们构成了完整的监测分析方法体系。

1. 国家标准分析方法

我国已编制了 60 多项包括采样在内的标准测试分析方法，如"水质 pH 值的测定玻璃电极法（GB 6920—1986）""水质溶解氧的测定碘量法（GB 7489—1987）"等。这是一系列比较成熟、准确度高、国家法定的方法，是用于评价其他测试分析方法的基准方法。

2. 统一分析方法

有些项目的测试分析方法还不够成熟，但又急需测定，为此，经过比较研究，暂时确定为全国统一的分析方法。待不断完善成熟后，则可上升为国家标准分析方法。

3. 等效方法

与上述两类方法的灵敏度具有可比性的分析方法称为等效方法。这类方法常常是用一些比较新的技术，测试简便快速，但必须经过方法验证和对比实验，证明其与标准方法或统一方法是等效的才能使用。

按照测试方法所依据的原理，常用的方法有化学法、电化学法、离子色谱法、气相色谱法、等离子体发射光谱法等。其中，化学法目前在国内外水质常规监测分析中还普遍被采用，约占各项测定方法总数的 50% 以上。

第二章　水体污染及其危害

　　水体污染是指排入水体的污染物在数量上超过了该物质在水体中的本底含量和水体的自净能力，从而导致水体的物理特征、化学特征和生物特征发生不良变化，破坏了水体固有的生态系统，破坏了水体的功能及其在人类生产、生活中的作用。本章分为水体污染的原因与途径、水体污染物的来源与种类、水体污染的危害三部分。

第一节　水体污染的原因与途径

一、水体污染的内涵

　　水本身具有一定程度的自净能力，可以在没有外力作用的条件下代谢污染物保持水质，但是当某些超出水体自净能力的物质进入水体后，水体的自身性质发生巨大变化，从而影响水体的自净能力造成水污染，对生态环境和人类的身体健康造成威胁。自然界水体污染的主要成因有两种：一是自然的；二是人为的。如特定的地理条件使某些化学元素大量富集、天然植被在腐烂时形成某些有害物质、暴雨降到地面后挟带各种化学物质进入自然水体中而引起的环境污染等，均构成了水体污染。中国国土面积广、海岸线长，看似拥有大量水资源，其实可利用的淡水资源少之又少，水资源人均占有量不足 3 000 m^3，中国是联合国记录在册的贫水国家之一。水体污染又严重威胁着我国的水资源安全。

　　水体污染具有以下特征：第一，污染的流动性。水是不断运动的，无论江河还是湖海无时无刻不在流动，水污染也伴随着水的流动而流动。任何流域内水体污染都不可避免地影响着流域下游的水体水质。第二，经济效益的负外部性。负外部性一般指的是在市场以外，其他人花费的没有效益的经济成本。水体污染是一种典型的负外部性现象，表现为：水体周围居民饮用水质量下降、疫病可能性增加、水产品质量下降成本增加、第三产业低迷、经济效益降低等。第三，治理的复杂性。目前，我国水污染采取综合治理和区域治理相结合的办法，虽然在 2002 年之后我国设置了七大流域管理机构，但是国家采用的综合管理与区域管理相结合的办法，仍无法解决地域分割的问题。政府环境部门作为属地管理原则下的流域治理者，承担着水资源的管理工作；经济发展部门担任着本行政区域内经济发展者的角色，在经济利益驱使下，不惜以破坏生态环境为代价换取经济发展。在地方保护主义的影响下，相对宽松的部门管理模式仍保持原有"分工治理"的状态，将各方利益和公共利益统一起来，以合作的方式有效治理本地区的水体污染。

二、水体污染的原因和途径

（一）水体污染的原因

水体污染的原因可分为自然污染和人为污染。

自然污染主要是在自然条件下，生物、地质、水文等方面的原因，使原本储存于其他生态系统中的污染物进入水体。例如，森林枯落物分解产生的养分和有机物、由于暴雨冲刷造成的泥沙输入、富含某种污染物的岩石风化物、火山喷发的熔岩和火山灰、矿泉带来的可溶性矿物质等。如果自然产生过程是短期的、间歇性的，过后水体会逐渐恢复原来的状态，但是如果是长期的，生态系统会逐渐变化而适应这种状态。例如，黄河长期被泥土污染，水变成黄色，不耐污的鱼类会消失，而耐污的鱼类（如鲤鱼）会逐渐适应这种环境。可见，以水为主体来看，任何导致水体质量改变（退化）的物质，都可称为污染物，这些过程都可称为水体污染过程。但以人为主体而论，天然物质进入水体是水体环境的自然变化，应该也是该水体的自然属性。

人为污染是人类活动把一些本来不该掺进天然水中的物质投进水体后，使水的化学、物理、生物或者放射性等方面的特性发生变化，损害人体健康或影响一些动植物的生长。例如，城镇生活污水、工业废水和废渣、农用有机肥和农药等。这类有害物质放入水中的现象，就是人为污染。

（二）水体污染的途径

1. 工业污染

随着我国社会经济水平的不断提升，工业得到了显著发展。近年来，我国一直朝着工业化的道路不断前进，各个城市中都出现了大大小小的工业企业。虽然这些企业能促进当地的经济发展，但部分企业没有严格按照排放标准而将大量的工业废水排放到当地的自然生态环境中，造成工业企业周围水体严重污染，危害当地居民的饮水安全。特别是一些传统的工业生产企业，其生产模式没有遵守环保原则，企业人员也没有较强的环保意识，在排放工业废水的过程中，没有采取有效的净化手段，造成自然生态环境中的水体受到严重污染，严重的甚至污染地下水源。

根据相关调查报道，我国部分城市的地下水体已经受到工业废水不同程度的污染，工业污染已经成为影响我国水体污染中较大的因素之一。另外，虽然自然生态环境有一定的自净能力，但这种能力是有限的，当工业废水排放量严重超出自然生态环境的降解周期时，生态污染情况难以恢复，不仅会对人们居住的环境造成严重破坏，也会对当地经济发展造成负面影响。

2. 农业污染

在讨论水体污染途径时，我们应该注意由多种因素共同影响而造成的农业污染。农业污染源包括畜禽粪便、农药、化肥等。大量农药和化肥随表土流入河流和湖泊，氮、磷、钾等元素也进入水体，往往会导致三分之二的水域受到不同程度的富营养化污染，生物的异常繁殖导致水体透明度和溶解氧的变化，进而造成水质恶化。

农业污染的因素多而复杂，污染范围广，这都增加了水污染控制的难度，影响了生态环境质量和系统的运行效果。农业污染有着悠久的历史和潜在的未来影响，若不及时采取科学的治理措施，将难以对水体污染工作进行有效推进。

3. 生活污染

人口数量的增加会导致生活垃圾、废水的增加，若是生活垃圾和废水缺乏统一化、标准化的管理，则随意丢弃的生活垃圾会导致生态环境受到严重污染。

现阶段，我国对于生活垃圾的处理方法大多为填埋法、干湿分离法，垃圾中的部分固体需要采取焚烧处理的方法，而居民生活废水一般由污水处理厂对其进行有效处理。但上述处理方法，如焚烧法、填埋法等均会给周围的生态环境造成严重污染。在填埋场中，垃圾的长期堆积会导致渗滤的液体通过土壤污染地下水资源；固体垃圾焚烧产生的有害气体会对空气质量造成严重影响，导致大气污染。

第二节　水体污染物的来源与种类

一、水体污染物的来源

水体污染源是一个比较宽泛的问题，按照通用的分类方法，可以对其按污染源形状类型、污染源分布类型、污染源排放类型、污染源排放位置类型进行分类。

（一）污染源形状类型

按照污染源形状类型，可以将水体污染源分为以下三种类型。

①点源污染，是指污染源的排放点比较小，可以近似看作是在一个密集的点位进行集中排放污染物。常见的点源污染有工厂生产废水的排放、人类活动产生的生活污水，总体上来看，点源污染的污染物成分非常复杂。除此之外，运输过程中发生的运输物泄漏（如石油管道泄漏、公路事故车辆泄漏化学物品、海洋轮船泄漏）也是一种常见的点源污染。

②面源污染，是相对于点源污染的一种分类，根据美国《清洁水法修正案（1997）》可知非点源污染是指污染物（如农药、化肥、固体污染物颗粒）通过分散的形式在大范围内流入地表水和地下水内。非点源污染的污染物通常浓度较低，但是由于面源污染覆盖范围大，所以污染物总量非常大，对生态环境具有较大影响。

③内源污染，是指受污染的水体再次传播污染其他位置水体的一种二次污染。如受污染严重的内陆湖泊水体由于强降雨，水体扩散造成其他江河湖泊被其污染。

（二）污染源分布类型

按照污染源分布类型，可以将水体污染源分为以下两种类型。

①单点源污染，是指污染源排放位置只有一个，并且污染源类型为点源，通常情况下发生在工厂单个排污口排放污染物和运输过程中的运输物泄漏。

②多点源污染，是指污染源排放位置有多个，并且污染源类型为点源，通常情况下发生在工厂，即多个排污口排放污染物。

（三）污染源排放类型

按照污染源排放类型，可以将水体污染源分为以下两种类型。

①瞬时排放污染，是指污染源在短时间内排放大量污染物，如生产不达标工厂在夜间偷排废水、交通事故导致运输的危险化学品泄漏等。

②连续排放污染，是指在较长的一段时间内污染源连续排放污染物，通常情况下连续排放污染具有一定的规律性。

瞬时排放和连续排放在水体中有不同的水质扩散方程来描述其在水体中的扩散规律。

（四）污染源排放位置

按照污染源排放位置可以将水体污染源分为以下两种类型。

①内陆河流污染，是指污染源的排放地点为内陆河流区域，目前国内外主要研究的水体污染事件基本都为内陆河流污染。也是目前国内重点防范的污染，工厂排污、农业生产、生活污水等均会造成内陆河流污染。

②海洋污染，是指水体污染事件发生在海洋流域，海洋污染原因主要是航运过程中发生的泄漏。

二、水体污染物的种类分析

水体污染物是指改变水的物理和化学特征（如 pH 值、溶解氧、盐度和温度等），从而使其质量恶化的物质。具体来讲，水体中的污染物可以分为传统污染物和新型污染物。

（一）水体污染的主要传统污染物

水体污染的主要传统污染物可分为病原体、重金属和营养物质等。

1. 病原体

病原体是水中的主要污染物，包括细菌、病毒、寄生动物、原生动物以及少数真菌和蠕虫。病原体直接造成环境恶化和污染，由此导致水传播疾病对生态系统和人类健康产生威胁。水传播疾病是全球性问题，包括霍乱、腹泻、贾第鞭毛虫病、隐孢子虫病、甲型肝炎和戊型肝炎在内的水传播疾病每年会导致超过 220 万人死亡。1991—2002 年，美国报告的由原生动物病原体——贾第鞭毛虫、隐孢子虫、大肠杆菌、鼠伤寒沙门氏菌、军团菌属和霍乱弧菌引起的疾病病例超过 40 万。2009—2010 年，美国疾控中心报告了 33 起与饮用水有关的疫情，导致了上千人患病。另外，德国 2011 年由大肠杆菌引起的严重的腹泻病例，是食用受污染水灌溉的生豆芽引起的病原体感染。2014 年，根据世界卫生组织（WHO）的数据，西太平洋地区大约有 94 000 人死于水污染引起的腹泻。

2. 重金属污染物

元素周期表中的元素大致可以分为金属、稀有气体以及非金属元素三类，相较于非金属元素而言，金属在化学意义上的性质主要包括：具有金属光泽、具有延展性和可塑性、能形成典型的阳离子及碱性氧化物、比非金属具有更高的密度等。1936 年，有人将密度超过 7 g/cm^3 的金属定义为重金属，然而在之后的 80

多年的时间里，人们并未沿用这一定义。截至目前，学界对于重金属的定义尚有争议，一些学者将重金属的密度定义为大于 6 g/cm³，也有一些学者认为是大于 5 g/cm³；此外，还有学者建议将重金属的定义与原子序数相联系，将重金属定义为，原子序数在 20 以上，同时密度也大于 5 g/cm³ 的金属元素；更有一些学者认为"重金属"这一术语没有特征，表达也不够明确，建议禁止使用。虽然人们关于重金属的具体定义没有统一的标准，但从生态的角度而言，重金属是一种在环境中不可降解，且具有严重的生物毒性，可分为人体必需元素（如铜、铁、锌等）和非必需元素（如砷、镉、汞等）。目前重金属已被世界各国列为第一环境污染物。重金属对于自然环境已经造成严重危害，在城市中，重金属已成为影响城市水资源的首要原因，城市水资源污染主要由工业生产、污水灌溉、雨水淋溶、废气废水排放和使用重金属制品进入地下水或河道径流所致，重金属的分布和富集主要受人的日常活动的影响。下面将针对其中几种典型的元素进行具体介绍。

铬（Cr）用于颜料、冶金、木材防腐剂及电镀等，通常以二价铬（Cr^{2+}）、三价铬（Cr^{3+}）和六价铬（Cr^{6+}）的形式存在，其中 Cr^{3+} 和 Cr^{6+} 最稳定。在生物系统中，Cr 通常以 Cr^{3+} 的形式存在，参与葡萄糖、脂质和蛋白质的代谢，Cr^{3+} 不易穿过细胞膜、无腐蚀性且在食物链中的生物放大率极低，因此，Cr^{3+} 的毒性也非常低。相对而言，Cr^{6+} 毒性更强，且具有致癌性和致畸性。Cr^{6+} 进入细胞内后，易被还原为 Cr^{3+} 形式，并与细胞内大分子复合，甚至与遗传物质结合。此外，Cr^{6+} 还会影响鱼体的循环系统、神经系统，损害内脏组织，影响鱼类的代谢等。

铜（Cu）被广泛应用于抗菌剂、电气设备、合金和建筑材料等方面，是生物体必需的微量元素，经过大量研究证实，在生物体内有多达三十种酶的活动和 Cu 有关，如酪氨酸酶和多巴胺羟化酶等。在软体动物门和甲壳亚门动物中，血蓝蛋白主要用于氧气运输，而 Cu 是血蓝蛋白的重要组成部分，所以 Cu 还与氧气运输有关。此外，人体内 Cu 的稳态具有重要意义，体内 Cu 失衡可能会导致阿尔茨海默病。超过一定浓度的 Cu 还具有毒性，在水生生态系统中，藻类对 Cu 的毒性较为敏感，在一定浓度下，Cu 会降低浮游植物酶的活性，通过影响其光合作用和呼吸作用，并干扰蛋白质和叶绿素的合成，从而限制水生生态系统中的初级生产力。

砷（As）是一种公认的环境污染物，经常用于合金、玻璃、除草剂（如 $Na_3As_3O_3$）、杀虫剂和医药产品的制造等。据报道，全球有超过 2.3 亿人正处在 As 的高风险慢性暴露中，其中 1.8 亿人来自 31 个亚洲国家。已有报道显示，As

的暴露会引发皮肤病（即砷中毒、色素沉着改变等）、神经系统疾病、癌症等。不仅如此，As 还会导致非传染性疾病的发作，如糖尿病和心血管疾病。此外，目前还没有较为有效的治疗方法来完全解除生物系统中的 As 毒性，这在相关研究中引起了极大的关注。As 在水生生态系统中主要以无机 As 的形式存在，可以通过鳃、口及皮肤黏膜被水生生物摄入体内，并且可以通过食物网在更高营养级的生物体内积累。As 的积累不仅会导致水生生物中毒，造成免疫紊乱、引起组织损伤，还会对其生长、繁殖等一系列生命活动造成影响。

镉（Cd）由于其高毒性，早在 1933 年就被列为第一类致癌物。在人体血液中 Cd 的积累会增加患神经系统疾病的风险，损伤神经组织和细胞，如损伤神经元和胶质细胞，会诱发帕金森病和阿尔茨海默病。此外，Cd 的暴露可能会造成组织损伤以及影响多种器官发挥正常功能。历史上，曾发生过严重的 Cd 污染公共卫生事件：19 世纪中期，日本富士县遭遇了严重的 Cd 污染，当时许多人由于食用了受 Cd 污染的水稻而患骨痛病，患者表现出骨矿化程度低、骨骼脱钙严重、骨软化、剧烈骨痛和骨质疏松等症状，其他并发症包括咳嗽、贫血、肾衰竭甚至死亡。此外，在水生态系统中，Cd 会通过诱导细胞凋亡来干扰免疫应答，影响鱼类生长、延迟繁殖、降低游泳能力、影响胚胎发育、提高畸形及死亡率。

汞（Hg）是唯一一种在正常环境中呈液态的金属，它很容易与其他金属形成汞合金，因此，Hg 经常被用于提炼各种金属。此外，Hg 还被广泛应用于制造干电池、照明设备等电器以及温度计、气压计等测量仪器。Hg 化合物用于各种化学品，如农药和防霉剂等。在水生生态系统中，大部分的 Hg 富集在沉积物中，微生物会将其转化为甲基汞（MeHg），其可以通过鱼类的皮肤或鳃摄入含 Hg 的食物，抑制与体细胞内酶的活力影响其代谢活动，损害肝脏、肾脏及心血管系统和神经系统等。Hg 对人类也会产生有害影响，20 世纪 40 年代末，日本发生的水俣病导致近 20 万人因接触 MeHg 中毒而死亡。在 1971 年之后的两年间，伊拉克约有 4 万人因食用含有受 Hg 污染的食物而被诊断为有机汞化合物中毒。此外，虽然关于重金属是否存在生物放大这一问题尚存争议，但已被证实的是，Hg 会通过食物网产生生物放大作用。

铅（Pb）广泛应用于汽油、油漆、电池等方面，已有研究报道了铅中毒对人体的许多影响，显示出 Pb 对人类全身健康的损害，其中包括心血管、免疫、骨骼、生殖、血液、肾脏、胃肠道和神经系统。Pb 经常通过胃肠道和呼吸道进入机体，到达血液后与人体红细胞相结合，之后作用于其他组织，主要蓄积于肾、肝、肺和脑等组织。Pb 由蛋白质通道通过主动运输穿过血脑屏障，破坏血脑屏障后，Pb 会在大脑中积聚并损害大脑发育。同样地，Pb 在水生态系统中也是一种剧毒金属，Pb 对鱼类的毒性主要是由特定组织中的生物蓄积引起，蓄积机制因水环境（淡水或海水）和途径（水源或饮食暴露）而异。Pb 暴露会对鱼类产生多种毒性作用，并影响其生理生化功能，进而导致鱼的突触损伤和神经递质功能障碍。

锌（Zn）是人体必需的微量元素，相较于上述介绍的 6 种重金属，Zn 的毒性最小，一定浓度内的 Zn 可以促进鱼类生长，甚至可以中和有毒金属的毒性，如 Pb 会破坏生物膜，导致认知障碍并扰乱 DNA（脱氧核糖核酸）复制和转录的正常过程，而 Zn 有助于细胞膜的适当维护，并在大多数对膜完整性至关重要的蛋白质中作为金属辅助因子发挥重要作用。然而高浓度的 Zn 仍会对鱼类产生毒害作用，如引起鱼类肠道菌群失调激活Ⅵ型分泌系统，进一步触发肝脏的氧化应激反应、免疫和抗病毒功能等。

3. 营养物质

营养性污染物是指水体中含有可被水体中的微型藻类吸收利用并可能造成藻类大量繁殖的植物营养元素，通常是指含有氮元素和磷元素的化合物。

大量的营养物质进入水体，在水温、盐度、日照、降雨、水流场等合适的水文和气象条件下，会使水中藻类等浮游植物大量生长，造成湖泊老化、破坏水产与饮用水资源。目前，我国湖泊、河流和水库的富营养化问题日趋严重，在一些地区，湖泊水质已达Ⅳ或Ⅴ类水体，个别已达超Ⅴ类，"水华"暴发，鱼虾数量急剧下降，生物多样性受到极大的破坏，造成极大的经济损失。我国一些近海水域的大面积赤潮暴发，已经对我国海洋渔业资源和海洋生态环境造成无法挽回的损失。

4. 耗氧有机物

耗氧物质是指大量消耗水体中的溶解氧的物质。这类物质主要是：含碳有机物（醛、醋、酸类）、含氮化合物（有机氮、氨、亚硝酸盐）、化学还原性物质（亚硫酸盐、硫化物、亚铁盐）。

当水中的溶解氧被耗尽时，会导致水体中的鱼类及其他需氧生物因缺氧而死亡，同时在水中厌氧微生物的作用下，会产生有害物质，如甲烷、氨和硫化氢等，从而使水体发臭变黑。

5. 酸碱及一般无机盐类

酸性物质主要来自酸雨和工厂酸洗水、硫酸、粘胶纤维、酸法造纸厂等产生的酸性工业废水和自造纸、化纤、炼油、皮革等工业废水。

这类污染物主要是使水体 pH 值发生变化，抑制细菌及微生物的生长，降低水体自净能力。同时，增加水中无机盐类和水的硬度，给工业和生活用水带来不利影响，也会引起土地盐渍化。

（二）水体污染的新型污染物

水质检测通常集中在营养物质、化学需氧量、悬浮物、微生物污染物、重金属等常规检测指标。最近的研究表明存在大量显著影响水质的新型污染物，这些污染物的来源多种多样，浓度范围从纳克/升到微克/升。新型污染物是最近引起人类关注的污染物，在环境中不被列入常规监测的天然或合成物质，对人类和生态系统具有已知或怀疑的不良影响。例如，药品和个人护理产品（PPCPs）、内分泌干扰物（EDCs）、阻燃剂、增塑剂、全氟化合物、纳米颗粒、表面活性剂、多环芳烃和离子液体等。随着工业的发展，释放到环境中的各种化合物，因其环境行为、环境威胁和环境命运记录不佳被归类于新型污染物之中。近年来，由于分析技术的进步，水中越来越多种类的新型污染物在极低的浓度下被检测出来。自然衰减和常规处理过程无法从废水、地表水和饮用水中去除这些新型污染物，并且有报道称它们会在大型无脊椎动物、水生食物网和人体内进行生物累积。

1. 药物和个人护理产品

药物是一类重要的新型污染物。据估计，大约有 3 000 种不同的物质被用作药物成分，包括退热药、止痛药、抗生素、抗糖尿病药、β 受体阻滞剂、避孕药、脂质调节剂、抗抑郁药等。药物的大规模使用增加了其在城市地表水、地下水、废水和雨水径流中的存在感。个人护理产品也广泛存在于城市环境中，如香水、防晒霜、驱蚊剂和抗真菌剂等。这些外用产品主要成分的化学结构不会发生代谢变化，但很容易释放到水环境中。

近年来，个人护理产品在城市径流和地下水中的浓度呈增加趋势。PPCPs 主要通过三种途径进入环境。PPCPs 生产过程中，工业废水的排放会释放部分活性成分；PPCPs 被人或动物吸收后，代谢不完全的药物通过尿液或粪便排出体外，进入生活污水或畜禽废水中；过期 PPCPs 丢弃在垃圾堆填区。由于缺乏适当的回收系统，大多数未使用的 PPCPs 都被当作城市固体废物丢弃。在佛罗里达州的一个垃圾填埋场的城市生活垃圾中，22 种药物成分的总浓度为 8.1 mg/kg。在中国的城市垃圾中土霉素、四环素和磺胺甲恶唑的平均浓度分别为 100.9 μg/kg、63.8 μg/kg 和 47.9 μg/kg。

2. 全氟化合物

全氟化合物是用氟原子取代碳氢化合物中的所有氢而形成的，这些化合物由 C—C 键、C—F 键和附加的官能团组成。自 20 世纪 50 年代以来，全氟辛烷磺酸（PFOS）和全氟辛酸（PFOA）因其优异的稳定性、极低的表面张力和疏水疏油特性被广泛应用于化学电镀、炊具涂层、消防泡沫、纺织品、表面活性剂、清洁剂和乳化剂等。

近年来，PFOS 和 PFOA 的不可降解性、强生物蓄积性和长距离迁移等特性引起人们的广泛关注。目前，水处理厂对全氟化合物的处理效率不高，全氟化合物可能进入饮用水系统并通过口服摄入人体被吸收。研究发现，PFOS 和 PFOA 在人体包括毛发、组织、器官和分泌物在内的所有部位都可以检测到。全氟化合物在体内积累的浓度达到一定阈值时，就会对动物和人类产生各种毒性作用。一项对 616 名美国红十字会男女献血者的研究表明，被调查者血浆中 PFOS 含量在 4.3 ～ 14.5 ng/mL，PFOA 含量在 1.1 ～ 3.4 ng/mL，含量高于测量的其他全氟化合物。波兰进行的另一项研究中显示，429 名波兰公民血浆中 PFOS 的含量为 1.61 ～ 40.14 ng/mL，PFOA 的含量为 0.67 ～ 12.56 ng/mL。

3. 离子液体

水环境中另一种日益增长的新型污染物就是离子液体，是由有机阳离子（其可以包括一个或多个取代的烷基链）和有机或无机阴离子组成的稳定盐，熔化温度低于 100℃。由于离子—离子相互作用和对称性平衡的化学结构，大多数离子液体在环境温度下是液体。可能的阳离子—阴离子组合的广泛多样性允许调整离子液体的特性以适应特定的应用。最常见的阳离子结构是含氮杂环芳香族化合物和胺基季铵盐。无机阴离子主要为卤素和疏水性含氟阴离子，有机阴离子包括羧酸盐、磺酸根、硫酸根和磷酸根等。除了低熔点和可忽略的蒸气压外，离子液体还有其他有趣的特性，如高热稳定性和化学稳定性、高离子导电性、优良的溶剂化能力和可设计性。

离子液体的科学发展可以分为三代。第一代离子液体具有独特的物理性质，主要作为溶剂用于有机合成和电化学催化等领域；第二代离子液体具有定制的化学和物理特性，可用于生产新的功能材料，如含能材料（炸药和推进剂燃料）、润滑剂、金属离子络合剂等；第三代离子液体由具有生物特性和适当理化特性的离子液体组成，主要用于抗菌剂和药物活性成分用于生物医药等领域。

尽管低蒸气压对大气的污染很小，但是离子液体的高水溶性和难以降解性使其在水生和陆地环境中积累。一些地方的垃圾填埋场附近的表层土壤中已检测到离子液体的浓度高达 94 μg/g，这可能是人类原发性胆管炎发病的潜在环境诱因。

但是值得一提的是，部分研究探索了离子液体在废水处理中应用的可能性。例如，使用具有高疏水性的离子液体可以从废水溶液中提取包括染料、除草剂、杀虫剂、药物、激素和酚类化合物等在内的有机污染物，这进一步增加了离子液体进入水环境中的可能性。

第三节 水体污染的危害

一、对工农业领域的危害

如果地下水源受到了严重的破坏，且其中的水资源被用来进行工业和农业生产的话，那么就会造成设备的锈蚀和破坏，对工业和农业的发展造成极大的阻碍，降低设备的使用年限。另外，如果在生产过程中使用化肥、杀虫剂等化学药剂，这些药剂会随着雨水进入到土地里，从而导致地下水污染。这样一来，农业生产的产量和质量就会下降。而在灌溉过程中，如果将被污染的水源用于灌溉，不仅会导致土地的性质发生变化，同时也会影响庄稼的成活率、抗性，从而影响到农业的产量。

二、对民众身体健康的危害

第一，有机污染物。当前，大多数有机化合物具有一定的有毒性质，当水源受到污染时，水质就难以得到有效的保障。也就是说，一旦水源受到了有机物质的影响，就会对环境造成严重的影响。更严重的会导致腹泻甚至是癌症，水中含有大量亚硝酸钠，使人体产生了硝酸盐和其他有毒的化学物质，侵袭人体，引发病症，甚至死亡。

第二，因饮水而引起的疾病。重金属污染、生物污染等是水体污染的重要来源，人们喝下去被污染的水就会导致人体的健康问题。以重金属为例，人体的骨骼、肾脏、肝脏等重要器官一旦被重金属污染，就会引发长期的中毒，尤其是对婴儿来说，这种情况会更加严重。

三、对水生生物的危害

众所周知，水生生物需要一定的氧气供给才能生存，但在河流水质发生污染后，水体的溶氧能力会降低，水生生物会由于缺氧而大量死亡，而死亡的水生生物数量过多就会超过河流的承载力又会造成新的污染。

此外，污水排放到河流中会随时间的推移将毒素和污染物带入鱼虾等水生生物体内，进而对食品安全造成危害。

第三章　水环境保护与监测概况

随着科技和经济的持续进步，水环境保护目前已经变成我们国家十分重视的对象之一。现如今，我国正处于经济水平高速发展的阶段，人们的生活水平也越来越高。但随之带来的结果便是大量工业废水排出，造成水污染的问题日益严重。基于这一情况，相关工作人员应当做好水环境保护与监测的工作，以此了解水污染的实际状况进而提升环保的效果。本章分为水环境保护概况、水环境监测概况两部分。

第一节　水环境保护概况

水环境是生态环境最重要的一个部分，它与人们的生活息息相关，是生命之源。在现阶段，水资源也是一个城市的命脉，对经济与社会发展有着直接影响，为实现国家的可持续性发展，水环境保护已迫在眉睫。面对人为因素、自然因素对水环境形成破坏这一问题，为有效改变水的整体质量，应当积极地寻找解决策略，保护水生态。目前，我国水环境保护面临严峻的形势，具体表现如下。

第一，我国水资源利用方面存在一些问题，主要包括以下几方面。

①人均水资源占有量偏低且时空分布不均。根据国家统计局出版的《2021年中国统计年鉴》，2020年全国水资源总量为 3.16×10^4 亿 m^3，总量排在世界的第六位，单位国土面积水资源量约为世界平均水平的83%。但是人均年占有水资源量只有 2 240 m^3/ 人，仅为世界人均年占有水资源量的大约1/4的水平。同时，我国的水资源区域分布严重不均衡，《2021年中国统计年鉴》显示：东部地区面积约占全国总面积的9.68%，人口数约占全国人口数的40.02%，人均水资源量 860 m^3/ 人，国内生产总值（GDP）占全国 GDP 的51.93%，水资源总量仅占到全国水资源总量的15.31%；西部地区面积约占到全国总面积的71.27%，人口数约占全国人口数的24.17%，人均水资源量为 4 445 m^3/ 人，GDP 仅占全国的

21.07%，而水资源总量占全国总量的 53.79%。

②水资源总量出现衰退趋势且耗水量增长迅速。随着人口增长和经济发展，近年来，我国的水资源总量呈现逐年缓慢衰退的趋势，这种情况在北方地区体现得尤为明显。从全国第一次水资源评价到第二次水资源评价期间，北方地区的水资源量明显减少，这其中又以黄河、淮河、海河以及辽河流域最为突出。这些地区总降水量减少了约 6%，水资源总量减少了约 12%，其中海河区降水量减少了约 10%，水资源总量减少了约 25%；淮河区山东半岛降水量减少了约 16%，水资源总量减少了约 34%，使这些地区的水资源供需形势更趋于紧张。

③未来的水资源供需形势严峻。水资源供需情况已经很不乐观，在全国水资源供应量处于不断衰退趋势的同时，未来水资源消耗量还在不断增加。按正常情况发展，我国总人数在 2030 年左右将达到高峰，大约为 16 亿人口，人均水资源量将降到 1 760 m³。据预测，2030 年全国总需水量将近 10 000 亿 m³，供需缺口达 4 000 亿～4 500 亿 m³；到 2050 年，全国将缺水 6 000 亿～8 000 亿 m³。随着国家经济的发展，缺水矛盾将更加凸显，水资源短缺将是我国 21 世纪面临的最主要的社会经济和生态环境问题之一，也将成为制约社会经济发展、农业现代化发展、生态环境可持续发展的关键瓶颈问题。

第二，我国水污染防治中责令改正法律方面存在一些问题。通过梳理分析我国水污染防治中责令改正的立法现状，可以看到现行规定虽然能够为水环境保护部门提供执法依据，但尚有不完备之处，其存在的问题主要表现在以下几个方面。

①责令改正适用方式不合理。这里所称责令改正的适用方式，主要是指现行水污染防治法律中关于责令改正与行政处罚适用关系的规定。现行法律对水污染防治中责令改正的适用方式有以下四种规定：一是责令改正单独适用，不伴随行政处罚，如"环境保护主管部门应当责令……采取停止排放水污染物等措施"；二是水环境保护部门可根据自由裁量决定是否在适用责令改正的同时进行行政处罚，即与行政处罚选择适用，如"责令停止违法行为，可以处五百元以下罚款"；三是责令改正与行政处罚同时适用，如"责令停止违法行为，处一万元以上十万元以下罚款"；四是经责令改正后才能适用行政处罚，即责令改正前置，如"由核发环境保护主管部门责令改正，拒不改正的……并处十万元以上一百万元以下的罚款"。其中，不少规定在责令改正适用方式的选择和罚则配置上有失平衡，对于严重程度不同的违法行为，采用何种责令改正适用方式，法律中未做出区分规定。如向水体排放残油、废油造成水污染的与仅没有依据法律要求安装检测设备的，法律均规定了适用责令改正的同时处二万元以上十万元以下罚款，而未区

分两种违法行为的轻重、是否造成危害后果等情形，对违法行为人而言有失公平。

同时，在责令改正与行政处罚可以选择适用的情形下，水环境保护部门可以自行选择适用或不适用行政处罚，实践中对于同类案件，不同执法人员可能做出不同判断，这容易造成水环境保护部门适用责令改正时滥用自由裁量权，有悖于法律适用的统一性要求。

②责令改正具体形式表述不统一。由于水污染违法行为的多样化，现行法律并没有对水污染防治中责令改正的具体形式做出统一规范的表述，大多是对适用责令改正的违法行为的具体描述。原环境保护部出台的《环境行政处罚办法》提到8种责令改正的具体形式，立法者希望通过尽可能多的列举将责令改正的外延全部包含进来。但据统计，《中华人民共和国水污染防治法》（简称《水污染防治法》）中涉及责令的表述共34处，其中直接采用"责令改正"或"责令限期改正"的表述有9处，仅有13处属于《环境行政处罚办法》中规定的责令改正的具体形式，其余表述如"责令船舶临时停航、责令采取停止排放水污染物"，与责令停止违法行为没有实质区别。另外，《环境行政处罚办法》规定的责令改正具体形式之一的"责令停止生产与使用"与《中华人民共和国行政处罚法》（简称《行政处罚法》）中规定的"责令停产、停业"同样难以区分。水环境保护部门可能选择适用责令改正实现行政处罚的效果，以规避行政处罚复杂的程序规定。

现行立法对责令改正具体形式表述不统一，导致水环境保护部门做出的责令改正决定不能满足法律的统一性、规范性和确定性要求，执行中容易发生混淆，也容易使公众产生困惑与误解。

③责令改正程序缺失。现行法律并未对水污染防治中责令改正的程序做出具体规定，致使实践中水环境保护部门权力运行不规范。《环境行政处罚办法》规定，责令改正作为行政命令的一种不适用行政处罚程序，并未对责令改正应适用何种程序做进一步规定。北京市水务局印发的规范性文件《北京市水行政处罚裁量基准》中，也仅提到责令改正应当以书面形式向违法行为人送达相关法律文书。由于责令改正的程序性规定缺失，水环境保护部门执法人员做出、送达责令改正决定缺乏法律依据，执法过程存在主观随意性，导致违法行为人的知情、陈述、申辩等程序性权利无法得到充分保障，有损水污染防治中责令改正制度的公信力。对责令改正的行政命令不加区分的适用一般行政行为遵循的程序要求，可能使水环境保护部门因实施不必要的程序浪费行政资源。

④责令改正监督机制不完善。这里所称的责令改正监督机制，主要是指水环境保护部门对违法行为人履行责令改正和逾期不履行责令改正义务的监督。

第一，是对于履行责令改正义务的违法行为人的监督。现行法律虽然规定了县级以上人民政府的水环境保护部门统一监督管理，其他相关部门、水资源保护机构在职责范围内对水污染防治中责令改正的实施进行监督管理并相互配合的原则。但缺乏对违法行为人履行责令改正义务监督方式、期限等具体规定，容易成为监督主体推卸监督责任的理由，导致水环境保护部门做出责令改正决定后，不重视对违法行为人义务履行期内改正情况的检查，对于责令改正是否履行、履行是否到位缺乏有效监督。因此，难以保证水环境保护部门做出责令改正的实施效果，令行禁不止现象时有发生。

第二，是对于逾期不履行责令改正义务的违法行为人的监督。现行法律虽然规定水污染违法行为人逾期不履行责令改正义务，水环境保护主管部门可以指定有治理能力的单位代履行。但对代履行的启动条件、程序等缺乏具体规定，导致代履行启动困难，使其在水污染防治中形同虚设。同时，现行法律虽然规定了代履行费用由违法行为人负担，但缺乏收取标准、方式，以及违法行为人拒不缴纳代履行费用的责任规定，导致实践中存在违法行为人迟延缴纳或拒不缴纳代履行费用等问题。也易引发代履行第三方与违法行为人、水环境保护部门之间不必要的矛盾纠纷，不利于发挥责令改正在水污染防治中的重要作用。

综上，水污染防治中责令改正法律中存在的缺漏，是导致实践中责令改正实施效果不佳的重要原因之一。因此，《水污染防治法》修订后，为了确保水环境保护部门更好地发挥责令改正的积极作用，相关部委和各地方应加紧相关地方性法规、规章的制定工作，尽快完善水污染防治中责令改正的相关规定。

第三，水环境保护管理方面存在一些问题。由于水环境恶化对人们生活、社会生产及国家可持续发展均会产生严重的制约和影响。因此，我国各级政府的卫生行政部门、水利管理部门及重要江河的水源保护机构等集合自身职责，协同环境保护管理部门开展了水环境保护管理工作，虽然取得了一定的成效，但是从整体的水环境保护管理现状来看，仍存在较多的问题，主要体现在以下几个方面。

①缺乏完善的水环境保护管理制度。建立完善的水环境保护管理制度是推动水环境保护管理工作顺利和高效开展的基础条件。然而，我国当前大部分环境保护管理部门均未建立有效的管理制度，从而难以明确水环境保护管理权责，难以对各部间水环境保护和管理工作进行统一规划和协调，这样不仅不利于水环境的综合保护管理，同时还会导致水环境保护管理脱节，从而会降低水环境保护管理质量和效率。

②水环境保护管理体系存在不足。环境污染涉及很多因素，进行水环境管理

需要针对具体污染物的治理需要，并与整体水环境保护工作进行内容对接，从细节做好精细化管理，逐步优化。①需要量化地表水环境质量标准，做好针对性的水环境保护管理，从源头控制污染的蔓延趋势。②水环境保护管理的核心是防止出现"一刀切"的问题，并思考如何能够通过"切一刀"有效管控环境，并协调二者的关系，避免前者的刻板管理方式，同时，发挥后者的高效作用，对各区域排污口以及不同流域环境污染的差异性进行精准水环境保护。

③水环境保护管理技术不够先进。在水环境保护技术方面，我国围绕特定情境下的突发水污染事故的应急处理措施得到了较大程度的完善，但是我国现行的突发处理技术仍然在效用上存在一些薄弱点。从根源上分析，我国对这项技术的研究还不够深入，经验有所欠缺，缺少应急处理理论基础，技术实施和设备研发等方面缺少经济投入和成果转化，造成应急处置技术无法很好地应对复杂的环境和极端气候条件。针对累积性水环境保护管理，水环境保护管理评估机制有待健全，加上技术应用不足，无法快速对水环境保护进行有效识别和管理评估预警。

第二节　水环境监测概况

世界各国都在关注水污染问题，当然我国也不例外，发达国家由于工业发展得较早，水污染问题出现得也较早，随即他们提出了许多解决方案，并且不断地完善，逐步建立了一整套水环境管理体系。从 19 世纪 50 年代起，我国开始发展工业，也面临着污染问题，并且从 70 年代开始进行大量水污染方面的研究，许许多多的研究人员不断地提出自己的观点，对后面水质监测系统的形成积累了大量宝贵的经验。

社会在发展，工业在进步，人口在增加，清洁水的作用越来越重要，人们每天可以不吃饭，但是不能不喝水，我国面对大基数的人口，水资源还是相当严峻。再加上工业现代化的快速发展，工农业污水、生活废水等排放，使得国家江河湖泊的水环境的污染是相当严重的。起初我国也是走的"先污染后治理"的老路，这使得人们的生活用水、动植物的水环境遭到破坏，对此国家在"十一五"国家规划中首次提出对污染物的排放进行管控，但是在初始时期管控的力度不大，仍然有很多的企业为了节约成本冒险违规排放；"十二五"期间着重发展水污染监测的设备，并调整《中华人民共和国环境保护法》的内容，即"保护和改善环境，防治污染，推进生态文明建设"；"十三五"把环境监测与设备技术紧密连接，形成了系统完备的"环境保护制度"和"环境治理体系"；"十四五"开展水污染预警的研究，对"山水林田湖草"系统管理，实现区域生态环境共治，贯彻落实"绿水青山就是金山银山"的理论。

获取水质的指标数据可以更好地对水环境进行治理，因此，水环境监测是水资源管理与污染防治的重要手段，现阶段有以下五种方式，如表3-1所示。

表3-1 水环境监测方式

方式	介绍
人工采样	工作人员到水边取水，把它带到实验室去进行分析，这样可以利用高精度的设备进行全方面的分析，可以得到很多的水质参数，获取系统所需要的水质数据，但是这样的方式周期比较长，实效性差，需要人员定期到水边取水，而且监测范围小，需要到不同的地方，来回比较麻烦
水质监测站	在需要检测的水边建设自动水质监测站，在监测站内需要工作人员去看守，而且采用各种总线的方式去部署，因此该方式的布线比较烦琐，对周围的生态环境有影响，建设监测站的成本比较高，一经建设就不能移动，监测的范围有限，只适合对重要水源的监测
水生物监测法	利用水生物对某种水质有反应，从而可以定性的得出水质的情况，在该方法中经常使用的是鱼类，主要是鱼类对于水质的要求比较高，在不同的水质下会有很大的变化，但是这种方法在水环境中的监测精度不高，只能定性地分析，还要寻找合适的水生物，也会受到地域的限制
遥感监测	通过卫星对于图像的拍摄，以非接触的形式监测水质情况，把拍摄到的频谱带到实验室，根据不同的水质的频谱特性对遥感图像的纹理、色度等图像特征进行分析，然后得出不同的指标所对应的频谱，但是这种方式是所有的指标都在一段频谱中，很难得出具体的水质状况，监测的精度不高，只能定性地分析，实时性也不好，适合广域地表水的监测
无线通信技术	随着近年来物联网的发展，涌现出多种无线通信技术，短距离的无线通信技术包括UWB（超宽带）、IrDA（红外）、Bluetooth（蓝牙）、Wi-Fi（无线网）、ZigBee（无线个域网）、RF（射频）等，远距离的无线通信技术包括GPRS（通用分组无线业务）、NB-IoT（窄带物联网）、LoRa（修理级别分析）等，它们都有自己的长处与缺点，依据不同的应用场景选择合适的通信技术，把传感器采集到的数据通过无线组网传输到远端，这种方式的实时性比较好，也可以采集到很多重要的水质参数，但是对传感器的数量有限制，需要组网去构造局域网

我国也有很多的研究人员对水质进行监测与研究。如有人采用 ZigBee 通信的方式获取远端的水质数据，通过路由节点达到 ZigBee 的远距离通信，但是这种网络路由算法比较复杂，需要的路由节点多，且路由节点的电量消耗大，网络不易维护，容易出现空洞丢失数据；有人使用蓝牙通信技术对 pH 值、温度、浊度等水质实时监测，把采集到的数据通过蓝牙进行无线传输，通过路由多跳的方式把多个终端节点的数据收集起来，同时扩大监测的覆盖面积，但是由于传输距离短、功耗大，并且需要复杂的路由算法和大量的节点，因此蓝牙对小数据的传输并不常用，点对点数据传输，功耗太大；有人使用 Wi-Fi 组建水质监测的无线传感器网络，可以直接传输数据到服务器，传输速率非常快的，支持大量数据的传输，可以实现千兆速率的数据传输，传输距离较近，范围一般在 10 ～ 300 m，但是主要依靠路由器转发进行交互，节点的连接数量受制于路由器，功耗也高，安全性差。以上都是短距离传输数据，基于无线局域网的组网模式。当然也有长距离，功耗低的通信技术，如有人使用 GPRS 进行无线广域网组建，每个终端节点都可以直接通过 GPRS 模块上传数据到服务器，不需要路由节点，当然也可以多对多无线网络的创建，采用分组数据传输，具有"永远在线"和资费低的优点；有人使用 NB-IoT 进行网络的组建，它附加在运营商网络上，因此只要有运营商网络就可以布置 NB-IoT 节点，进行无线数据的传输，并且在复杂的环境也有较强穿透能力，网络节点多，功耗低，适用于小数据量和小速率的场景，网络容量取决于运营商基站的接入能力，很明显看出对运营商甚至于基站的依赖能力很强；有人采用 LoRa 技术部署广域网，对大范围水域实时监测，使用该技术对采集数据进行传输，使用星型网络拓扑，降低了网络拓扑组网的复杂度，不依赖运营商基站，可以大面积自由灵活部署，而且功耗低，成本低，传输距离远，有几千米的通信距离，适合大范围的江河水质监测网络部署。

随着人工智能的发展，研究人员把机器学习应用到水质预测中，对水质的未来趋势变化进行预测分析，得出合适的治理方案。

综上，可以看出我国在水环境监测方面已取得了一定的成果，但在现阶段，我国的水环境监测方面也仍然存在着一些问题，具体表现如下。

第一，监测人员专业素质不足。国家出台了相关法律法规，明确规定了监测人员专业素质要与国家发展相适应。但目前，在我国水环境监测工作中仍存在着专业人才短缺、人员专业素质不高等问题。在这种情况下，就需要对相关从业人员进行合理规划和调整。

第二，监测数据质量难以保证。目前，我国水环境监测工作中采用的监测方法多数属于主观性监测方式，难以保证客观真实有效，同时，由于缺乏统一标准，监测数据质量难以保证。在水环境监测工作中，需要对监测数据进行综合分析和处理，如果监测工作的质量不高，就会对水环境监测数据产生一定的影响。监测数据不准确，直接影响人的身体健康，同时还会增加污水处理的成本。

第三，水环境监测权责不明。针对我国水环境监测工作而言，其中的监督与管理是参考水体的不同形态而展开的。针对我国不同地区、不同水体实施不同的监管制度，是我国目前水环境监测工作的重要特点之一。按照水体的形式，水资源监督管理部门会通过自然资源部、环保部门、水利部门以及城建部门等多个部门之间分工负责监管，这也导致其中的个别水体由于功能性的叠加，又产生了多个部门共同监管的情况，进而引发水环境监测工作职能权责分配不明的现象。与此同时，各种权责分配问题又表现出了部门与部门之间工作职能混乱的情况，导致不同部门之间的交叉管理，造成了水环境监测资源的过度消耗与浪费，这种混乱的水环境监督管理工作会对相同的指令不断重复执行，不利于目前水环境监测工作的健康发展。

第四，监测指标不明确。水质监测一定要明确各项指标，保证监测结果可以为水质评估工作提供数据支撑，降低审核工作难度。在我国，水质监测体系不够健全，水质监测指标不明确，致使监测人员在工作中需要花费更多的时间，不同部门甚至在讨论过程中出现纠纷。例如，地下水的监测任务不仅由水利部门负责，同时也由环境保护部门和国土资源部门负责，不同部门的监测出发点和指标不同，责任范围划分不明确，经常出现工作内容重复或完成情况没有达到预期目标的问题，给我国的水质监测工作带来一定困难。

第五，环保建设资金投入不足。我国地域辽阔，各地区水资源类型较为复杂，对于不同地区水环境监测工作的开展来说，需要更多的资金支持。目前我国各地区的政府职能部门虽然注重水环境监测工作的开展力度，但是对于各项资金的投入仍然缺乏实践性，导致很多水环境监测工作的开展受到了资金与条件的限制，无论是针对水资源均衡分配，还是针对不同地区的水环境污染源头分析，各个工作环节均缺乏资金投入，导致我国水环境监测工作的实际效果并不理想。尤其是在新时期的发展背景下，水资源匮乏现象不断加重，各地区的水资源污染和破坏问题也在逐渐增多，如果针对水环境监测工作的资金投入、建设力度仍然无法进行实践性的贯彻，将会导致我国的水环境监测工作很难实现全方位开展，水资源保护工作也将受到一定和限制。

第六，监测技术方法不够完善。当前，水环境监测主要是通过仪器对水环境进行检测，但是监测技术的局限性，使得有些监测方法并不能够很好地对水质进行监控，所以不能及时发现水中存在隐患因素。在实际监测工作中，由于检测人员的技术水平不高及工作经验不足导致对水环境数据的判断出现偏差。另外，监测手段比较单一，导致对水质监测数据的分析不够全面。

第七，相关法律法规有待完善。我国目前的相关法律法规并不完善，这使得相关部门在污染源的治理工作中存在一定困难。而且在实际工作中，水环境检测工作缺乏完善的法律法规保障，导致了实际检验工作难以开展。虽然有的企业为了避免出现一些不必要的麻烦而制定了一系列规章制度，但这些规章制度往往不能完全落于实处。这就导致在实际工作完成之后不能及时得到有效处理，而仅仅靠相关部门去监管是不现实的也无法得到有效实施。所以必须要在立法中给予相关部门一定的支持进而保障水环境监测的顺利开展。

第四章　水环境监测的主要技术

水环境监测是评价水环境治理的重要手段。运用先进的水环境监测技术，及时分析水环境中的重金属含量、电导率、化学需氧量（COD）、生化需氧量（BOD）及浊度、色度等指标情况，这些指标情况作为判断水环境污染程度的重要因素。本章主要分析了三种水环境监测技术，这对生态环境保护工作具有积极的现实指导意义。本章分为水环境自动监测技术、水环境生物监测技术、水环境遥感监测技术三部分。

第一节　水环境自动监测技术

一、水环境自动监测技术分析

（一）水环境自动监测的概念

水环境自动监测是一种自动连续分析水样的监测方式，能够达到水质连续监测的目标，保证水环境监测的有效性。现阶段的水环境自动监测能够通过多个水质自动监测站点组成监测系统，对局部水质环境进行综合监测，从而完成对水环境的实时监测，并通过互联网构建在线监测系统，及时将水质监测数据传输到数据中心，通过对数据进行分析来了解水环境情况。

水质在线监测系统一般是以自动分析仪器为核心，配合遥感技术、自动测量技术、自动控制技术以及计算机技术等，对区域内的水质进行综合评估，并通过自动化控制以及智能化分析，保证水质监测数据的准确与可靠。在实际应用过程中，水环境自动监测能够实现水源地、市政水处理过程、市政管网水质、农村自来水等方面的水质监测，并对水环境质量进行科学全面地评估，进一步满足人类生产生活用水的需要，提升生态环境保护水平。

（二）水环境自动监测技术的基本功能

水环境自动监测技术具有多种功能，可以实现对污染物的实时监测，并且了解水的处理情况。水环境自动监测技术能够对各类污染物指标进行监测，并通过自动分析仪器对水样进行智能化分析，通过对水样的化学需氧量、总磷、pH 值、溶解性总固体（TDS）、悬浮物（SS）、总氮等参数进行准确检测，可以得出相应的分析数据，从而为后续的水环境控制提供良好依据。水环境自动监测技术能够对局部水体处理情况进行分析，根据总排口以及污水处理厂水质自动监测站点的监测数据，及时了解水质控制指标是否符合国家相关标准的要求，并对水排放情况进行分析，以保证水质的健康。此外，水环境自动监测技术还可以利用计算机技术将监测内容以图片、表格、动画等形式表现出来，在实现水质实时监测的同时，根据系统设定的内容及时预警异常情况，提示水污染超标。水环境自动监测系统通过与网络技术结合，实现水资源信息的在线发布与查询，并通过数据库技术保存相关数据，方便后续相关人员查阅水质信息，从而能够更加客观地分析水资源的情况。

二、水环境自动监测技术的应用作用

（一）提高水质监测效率

水环境自动监测技术的运用可实现监测工作的自动化执行，极大程度地节约人力成本，还可以提高监测效率。以人工为主导的作业方式，无法保证监测数据完整性，这是因为监测条件、气候环境、现场工况等都会阻碍监测作业的进行，且数据采集频率有限，若待监测水域污染情况较严重，便会使监测总效果受到影响。同时，这种监测方法需作业人员将现场采集到的水样带回实验室进行跟踪监测，既增加监测时间与计算量，还造成不必要的人工成本的浪费。但自动化监测技术的应用，可实现对当地人为因素、自然因素的集中分析，还可以依托于监测系统获取到的数据信息实时了解、掌握水环境整体状况，并将采集到的参数自动汇总、上传数据库中，为后期水环境管理、保护工作的执行提供数据参考。

（二）确保水质采样可靠

水样采集与分析是水质监测过程中最为重要的工作内容，亦是基础性工作。通常来说，被监测的水质所处位置的环境较为复杂，若采取人工方式开展此项工作，无法保证水质采样的可靠性，还存在较大的风险性。而水环境自动监测技术的应用可实现远程监测，只需将监测设备放置于现场，便可实时采集水质样本，既提高水质采样效率，还可增加样本的参考、分析价值，并规避取样时安全事故的发生。

（三）减少水质监测成本

以往开展的水质监测活动对于人力以及物力的依赖程度较高，需安排专业采样、监测数据分析、数据汇总等工作人员，增加人力成本。同时，监测过程中还需使用大量工具，造成资源以及资金的不必要消耗。而水环境自动检测技术操作期间，虽然也涉及机械设备的使用，但这类设备表现出智能化、年限长等优势，只需定期维护即可，极大程度节约了人力与管理成本，还能够缩短监测时间。

三、水环境自动监测技术的应用特点

（一）具备高效性特点

在科学技术不断进步的背景下，科学技术与信息元素在人们的生活工作中发挥了极强的辅助作用。其中水环境自动监测体系的构建和运用便是现代科学技术发展背景中的重要体现，可以全面突破传统水质监测工作模式中的不足，利用其更加高效精准的特点，促进完成水环境保护工作目标。

同时，水环境自动监测工作效率的全面提升是当前阶段多行业工作的重点发展目标。效率与质量的提升对于水环境保护工作同样重要。在水环境自动监测技术应用过程中，可以充分体现其高效性的特点，全面提升工作效率和质量，改善传统水质监测工作效率低，压力大的问题。

（二）具备安全性特点

充分保障水环境监测工作中相关细节的安全性是至关重要的，无论在任何工作体系中安全始终是第一发展目标。以往的水环境数据监测保护工作中多以人工形式为主，要通过人工采集水资源样本的形式进行监测及保护工作，这种工作模式不仅效率较低，同时存在一定的安全隐患，不同的水环境背景下包含着很多不可预估的问题。

随着水环境自动监测技术不断更新完善，并且普及运用至实际水环境监测及保护工作中的发展中，此工作已经完全解决了安全性较低的问题，利用科学高效的自动监测模式取缔了传统人工采样，从而达到了保障水环境、监测工作安全性的根本目的。

四、水环境自动监测技术的具体应用

（一）水库水质监测

监测水库水质期间，可借助该技术了解水质的电导率、溶解氧等参数，还可以获取到 20 项指标，如氨氮、锰、铅等。依托技术打造的监测系统可达到远程调控数据的目的，并增强采集内容的共享性，以此赋予环保部门更强的水环境监测能力。此外，在监测时，能够结合各参数结果判断导致水质不达标的原因，并制定具有针对性的有效的处理措施，实现水环境全面保护的同时增加饮用水源水质的安全性。水环境自动监测技术还可实时查询由监测点采集到的所有水质数据，若发现水源地水质监测项目不在标准区间内，便会通过无线传输的方式自动报警，并启动应急预案。这种自动化、智能化的技术手段可保证水质监测作业的全过程执行，为水库水质污染问题方案的制定与实施提供充足时间，确保供水、饮水、用水安全。

（二）地表水水质监测

在水环境保护中，地表水水质监测可以有效采用水环境自动监测技术，这种技术不受空间制约，可以实现远程控制。对地表水实施自动监测，能够使相关部门掌握重点断面水体的水质情况，通过该方式来全面掌握流域性水质污染情况，及时进行科学预报，采取预警措施，能够规避跨行政区域之间因水污染而产生纠纷等问题。监测站能够准确自动监测水质，对水环境保护具有重要作用。因此，需要逐渐建设自动监测站。此外，不断将这种技术应用到湖泊等水环境中，在很大程度上能够满足相关部门掌握水环境水体质量的需求。

（三）排污口污水水质监测

水环境自动监测技术也常应用于排污口水质的监测中，可以判断排污口水的水质处理是否符合规定，从而有效控制水环境污染。排污工作一直是水环境保护工作的重点内容，在很大程度上合理合规的排污处理能够减少水污染，保护生态环境的健康，而许多单位在排污过程中经常偷工减料，或违规排放污水，影响了污水治理的效果。水环境自动监测技术的应用为排污口水的监测提供了更加可靠和稳定的条件，通过在排污口设置相应的监测点，能够对该区域内的污水排放情况进行实时监测，动态了解排污口水的污染程度，一旦发现排污超标情况，自动监测系统可以及时预警，便于环境保护部门做出相应地处理。

水环境自动监测技术的应用能够对企业污水排放进行良好的监督和管控，在实际应用中，工作人员需要根据环境保护工作的要求，合理设置监测点，并且运用远程电动阀门等控制排污口排污阀门的开关，以保证污水排放数量与质量合格，避免水环境污染超标等问题。

五、水环境自动监测技术的优化措施

（一）选择正确的监测站点建设位置

选择正确的监测站点位置对于应用水环境自动监测技术有至关重要的作用，在实际工作的过程中，相关监测人员要综合考察区域内的水文条件以及水域类型，并且对区域内的水流进行综合分析与判断，从而选择合适的地点来建设水质自动监测站。

从理论上讲，监测站地点的选择要具有一定的代表性，选址人员要充分保证监测站收集到数据与信息的真实性。同时，相关人员要考虑到断面的差异因素，对污水采集系统进行合理的设计，在采集的过程中要经过充分的讨论，并且进行大量的实地走访，选择水体均匀、流速稳定的河段进行采样系统的设置，从而保证所取得的水样具有代表性，让相关工作人员能够准确地分析出该区域的水质。在发现水质异常等情况后，相关人员要及时向上级汇报，并且组织专家分析这种现象产生的原因，及时地采取措施对水体进行全面的治理。

（二）完善取水采样的系统功能

监测人员在水质自动监测站点取水位置的设置过程中，要根据水域的实际情况，调查了解水流深度，从而合理地选择建设区域。监测人员在对断面进行监测的过程中，可以运用垂线布设的形式，并且采取合理的措施尽量缩短取样口与监测站之间的距离，同时也可以考虑在站点的上游进行相关的设置工作。在完善取水采样系统功能的过程中，监测人员要避免因为采集管路过长，而最终降低所采水样的质量。此外，有关单位还要组织人员对采用管路进行定期的清洗，最大限度地避免样品被干扰。

流量系统的及时启动，对于水环境自动监测工作也是十分重要的，监测人员要保证采集样品能够正常使用，并且对系统各项功能及时进行完善，从而在保障系统正常工作的同时，能够最大限度地延长系统的使用寿命。

（三）提升监测人员的技术水平

监测人员的技术水平对于水环境自动监测技术的应用具有一定的影响，因而相关部门和企业应该重视监测人员技术水平的提升。水环境自动监测技术具有自动化和智能化的特点，在具体应用中需要专业技术人员为其提供技术保障和支持。

随着自动监测技术的发展，其对监测人员的专业性要求也在不断提高。在开展水环境自动监测工作时，应该重视监测人员的优化与能力提升，在人才招聘中应选择信息技术和数据处理能力更强的专业人才参与水环境监测工作。同时，也要注重水环境自动监测技术的创新与发展，定期对监测人员进行专业知识培训，使其能够适应监测技术的不断进步，从而为水环境监测方案规划提供良好的帮助，并进一步提高水质监测工作的效率。相关单位需要组织专业化、系统化的培训，以提升监测人员的能力和水平，使其能满足现代化水环境监测工作的要求，提升人力资源水平，使水环境自动监测技术的应用更加高效、合理。

（四）合理管控监测断面

水环境自动监测技术在水环境保护工作中的应用还需要具备明确的监测断面，在水环境保护活动中，工作人员、技术人员需要参照相关区域的地质环境条件以及水文环境特征，结合相关区域的地况地貌，选取合理的监测断面，采取行之有效的管控方式，对其中的仪器设备进行合理布置。从宏观层面上讲，监测断面可对水域环境中的质量问题进行实时高效地控制，所选取的监测断面应当具备代表性，可反映出相关区域的水环境总体特征。

除此之外，工作人员在监测管理期间还需要对水质样品采集的可行性、完整性、便捷性进行有效评判，尽可能在河床稳定、水流平稳的区域设置监测断面，完成对水体环境中的污染源更加科学高效地监测，对其变化规律、特征进行有效控制。从宏观层面上讲，在监测管理过程中，工作人员需要对断面结构进行有效控制，同时根据监测面的具体类型，对断面位置进行合理选用，例如，可以选取在上游或水系源头部位设置相应的断面，并且在远离人们生活的区域位置完成对相关断面的规划布局，提高水环境管理水平，减少污染排放。

（五）设置水质预警软件

水环境自动监测技术在水环境保护过程中的应用还需要依靠各类软件设施。在各类水质监测管理过程中，工作人员需要优化各项管理软件系统，对污染风险信息进行实时、高效地监测，同时也可结合行之有效的管理方式，完成对数据信息的全面归纳、整理、分析、评价。

在水环境自动监测管理体系中，工作人员需要确保所采集到的数据信息具有全面性、代表性、完整性，同时相关工作人员也需要在水质采集管理活动中加大预警控制，实现自动化监测、管理，对水质数据所产生的重大变化进行有效控制，一旦相关区域水环境数据出现异常情况便需要及时做出警报，知会相关工作人员在水环境保护工作中采取有效的措施，避免水环境恶化。

通常情况下，水质预警软件可结合预警功能、预警技术，对水源进行实时高效地分析评价，对其中存在的突发性水污染进行专项化控制，同时也可结合水质运行软件，对其水位、水温以及各项重金属含量数据信息的变化规律进行及时评价、评判，对水环境中的水循环进行有效管控，参照各项管理标准、要求，提高环境污染管理水平。

第二节　水环境生物监测技术

一、生物监测技术及其应用优势

生物监测技术是运用生物学方法，从生物学角度，以不同生物对被污染水质不同的反应程度进行水体污染情况判断的新技术。生物监测技术应用的关键是具体分析生物对污染物的反应表现。通过分析水生生物细胞健康状况及生长、生理、生化变化，明确水环境真实情况。生物监测技术有着不同的监测分支，不同的生物监测技术对应不同的生物分析指标。该技术在应用中引入了生态毒理学，监测水域内水生生物体内毒性物质的含量、种类等，以查明水环境污染程度。

生物监测技术在水环境质量监测中的应用优势十分明显，体现在以下几方面。

第一，具有长期监测优势。与物理、化学监测技术相比，生物监测技术的监测对象是长期生活在水体中的水生生物，该技术支持连续取样，能完成对水环境的连续、动态监测。

第二，具有多样性优势。生物监测技术的监测范围较广，物理、化学监测技术难以监测到的外源性化学物质，但是生物监测技术可以监测，并可以分析外源性化学物质对水环境细微变化的影响。

第三，具有综合性优势。长期生活在水域中的生物会接触多种污染物。多种污染物混合产生协同作用，对水环境造成较大危害。水生生物作为混合污染物协同作用的承载者，能综合全面反映混合污染物对水体环境的不良影响。

第四，具有灵敏性优势。当水体中进入低浓度污染物，生物能迅速反应，引发特性上的系列变化。监测人员借助生物监测技术能及时探明污染源。

第五，具有便捷性优势。目前生物监测技术支持大面积、连续布点，且对监测仪器设备不具依赖性，监测成本更低，监测更便捷。

二、生物监测技术应用于水环境监测的常用手段

在水资源环境监测方面，生态监测技术在理论上是利用科学监测手段来观察生态反应，进而评估水资源环境变化的影响。这些变化的数据汇总就构成了环境质量控制的理论基础。生物监测技术的主要任务是在污染物完全饱和以前，对离污染源最近的区域对水环境进行监控以及控制，把水环境污染对经济和生态社会所造成的不良影响减至最小。现对目前水环境监测应用最多的生物监测技术进行了研究，对以下几种主要的技术方法做了简单的分析。

（一）指示生物法

这一生物监测技术的应用原则为生而有之。由于水下生物久居在某种水环境中，所以对该种水环境中的任何微小变化都能灵敏地感知到，当水环境受到严重污染时，水下生物可表现为群体性的受害或者死亡。如根据颤蚓、摇蚊幼虫和浮游生物等在特定水环境受害或灭亡的次数和程度，能够衡量出该处水环境的总体质量。

（二）群落结构法

就其实质而言，群落结构意味着在一个特定的地域范围内，生态系统中的各项组成结构之间相互依存、和谐发展。大量的实践和研究结果表明，水环境的变化会直接导致水体中生物群落结构发生变化。一般来说，生活在水中的生物群落结构处于有机污染严重、含氧量极低的水环境中，会以抗低溶解氧的群落结构为主。与之相反，水生生物群落结构在水环境状态整体质量相对较好的地区，会呈现出清澈的水域，这也为生物监测和水环境质量的测量提供了依据和支持。

（三）生物测试法

生物测试法的关键在于有关工作人员根据水生生物在受到水体中污染物毒害时，被动发生的一种身体机能变化的具体症状来评估整体水环境污染状况。目前，该生物监测技术方法能够应用于单因素污染作用下的水环境监测中，同时还可以和其他监测技术配合，开展复合因素污染下水环境的系统监测。

三、生物监测技术在水环境监测中的实际应用

生物监测法结合了生态学方法、毒理学方法、生物检测技术，判断水环境中

的单一污染物质或综合毒性物质对生物的影响。随着生物监测技术的快速发展和普及，已经实现通过监测不同水平的生物指标体系对环境污染所产生的反应，从生物学角度对环境污染状况进行综合监测、评价和分析，达到对突发性水体污染环境预警。因此，生物监测法是评估水质和外来物质对生物影响的重要方法。

基于生物监测来分析是一种新的监测方法，根据不同生物层次水平的反应来判断环境污染状态和程度。在 20 世纪，一些国家就开始用本地指示生物来分析水质污染和大气污染问题，并且建立了生物指标，根据生物指标来评估水质污染状况。此后，生物监测逐渐被广泛应用，成为环境监测的重要组成部分。发达国家对生物监测技术的研究起步较早，其中欧美国家是最早引入生物监测来进行毒性评价的。随着水资源日益紧张和环境保护意识加强，且光、电、磁等检测技术不断发展，并与生物监测技术相结合，生物监测技术逐渐成为当前水环境污染监测的研究热点，主要分为以下几种方式。

（一）微生物监测技术

第一，聚合酶链反应。聚合酶链反应作为微生物监测技术中的一种，能够解决传统的水环境监测问题，具体来讲，可以通过以下几个步骤进行：首先，相关人员应借助高温条件将水环境中的 DNA 及时整合，转化为单链形式，在此温度中单链与聚合酶链反应形成互补配对；其次，工作人员应及时调整温度，将水环境中的温度转化成与适合聚合酶链反应、DNA 的温度，DNA 内部的聚合酶会根据磷酸到五碳糖的方位来完成互补，继而生成一套互补链；最后，完成聚合酶的提炼工作。通过将这些物质放置到聚合酶链反应中，可以及时观察到不同微生物体内的污染物类型。该类方式的关键是温度管控。在实际应用聚合酶链反应过程中，监测人员应利用重复性控制、温度变性控制来有效控制微生物合成的DNA，从而有效完成微生物污染的监测工作。

第二，生物传感技术。在实验室利用生物传感技术测试时，工作人员要熟练使用对某种生物物质变化高度敏感的便携式测量仪器，将微生物样本体内发生的药物浓度值迅速转化为生物电信号。该测试技术的测试核心设备皆为高精度生物传感器。

一般来讲，在应用生物传感技术的过程中，参与测试的人员应明确监测原则，也就是建立敏感反应机制，找出生物敏感材料的制备方法。在进行化学物质到电流的转化时，需利用性能较佳的信号处理电路，从而有效提高分子识别效果，增加微生物监测水平。

（二）发光细菌监测技术

发光细菌监测技术是结合光电捕捉技术，运用光电测试系统测量发光细菌在水质污染下发光强度的一种技术，发光细菌在清水物质中发光，水中的有毒污染物会破坏其代谢过程并抑制发光，抑制程度与有毒污染物的总量相关，可用于评价水的毒性。细菌生物发光的光源是黄素单核苷酸衍生物（FMN）。发光细菌发出的可见光，其波长为 450～490 nm，当与有毒物质接触时，发光强度会随着有毒物质浓度的增加而降低。从里海分离出一种发光的弯曲杆状革兰氏阴性细菌是监测有毒物质商业试剂盒的良好选择。

发光细菌监测技术具有许多优点，如快速、灵敏度高、成本低、操作简单和测量结果直观等。近年来，它受到了相关科学研究人员的广泛关注。通过改进现在发光细菌的实验条件和步骤，在数据处理时增添原始发光光强和自然变化因子，可以降低实验的误差。此外，通过对冻干菌粉快速复苏菌液的最佳实验条件进行实验研究，菌液能在 2～5 ℃的环境下进行七天之内的有效实验，费氏弧菌在监测中的最佳实验时间和温度分别为 15 min 和 15 ℃。

（三）生物行为反应下的监测技术

在运用生物行为反应类监测技术时，相关人员可依照不同生物的反应行为来判定其内部水体污染情况，确定污染物的污染浓度，并设置适合的预警机制。一般来讲，监测人员在探测水体的污染程度时可及时评估该水环境中各类生物的生理变化与反应行为，常见的监测技术包括以下两种。

1. 鱼类分析法

鱼类是最早被用于水污染监测的生物。1929 年，首次将鱼的呼吸变化作为有毒环境检测的判定依据。此后，鱼的游泳行为、种群变化等逐渐成为环境判定的依据，若水体出现严重污染状况，鱼在短期内会造成神经受损，严重时甚至会死亡。

若水质被污染，鱼类的游泳能力会改变，可以根据摄像监测系统，对鱼的位置变化和游动速度进行实时监控，将鱼的运动规律与历史运动规律相比较，查看运动行为是否异常，从而判断水质污染状况。已提出的自动视频跟踪系统就是通过镜面系统和校正程序来实现这一点。在这个系统使用之前，必须进行校准，可以同时记录单个和成群的成年斑马鱼。此外，基于灰度特征的鱼头尾图像识别方法就是指对 2～5 条斑马鱼个体进行跟踪实验，从鱼的头部和质心计算出鱼的简化姿态，做出一种根据鱼体位测量的多鱼行为监测方案。

利用三维的摄像监测技术能够清楚地反映鱼的运动情况，水质正常与否，对鱼体状况的影响会出现显著差别。在水质突然恶化的情况下，鱼体的运动速度会明显加快，加速度变化频繁。对鱼体的运动速度和加速度变化进行研究，可以检测出水质的污染情况。

2.双壳贝类分析法

双壳贝类数量众多，分布广泛，大多数属于滤食动物。在正常情况下，它们会有规律地张开双壳进食，在环境受污染的情况下会长时间紧闭双壳来抵抗污染对自身的侵袭。双壳贝类监测系统是基于双壳类生物避免受到外界环境压力影响，通过关闭自身双壳来消除外界环境刺激来维持内部环境的稳定。双壳贝类具有从食物和水中浓缩重金属元素的能力，生物组织中的重金属浓度可达到水中重金属浓度的 1 000 倍左右。

贻贝是海洋环境污染评价与监测指示的生物之一，在 1975 年的"贻贝监测计划"中首次被用于环境污染评估。根据贻贝双壳距离的变化，可以利用电磁感应技术对水体污染状况进行分析，荷兰的 Musselmonitor 仪器就是根据水体污染状况变化，双壳类生物双壳的张合频率随之变化的原理制成的，利用电磁转换系统监测双壳类生物双壳的张合情况，以实现双壳类生物毒性在线监测和早期预警，该仪器已成功应用于近海污染监测。亚历山大藻产生毒素，藻密度增加，藻毒素含量增高，生物死亡时间减少，滤食性贝类可以大量摄取亚历山大藻产生的毒素，并在体内积累，影响贝类自身的生理反应。

（四）藻类叶绿素荧光技术

叶绿素荧光技术是基于光合作用原理，通过荧光参数变化反映出细胞的光合代谢状态。藻类可以适应不同的环境，具有较高的繁殖力，并且对毒物很敏感，光是影响藻类生长和生理活动最重要的环境因素之一。

BBE 公司研发的藻类在线监测仪 AOA 用四个光源对叶绿素荧光进行测定，在叶绿素、种群更迭和藻类数量变化上取得了直观的效果。关于已开发出的三维（3D）打印智能手机平台集成光驱动微流控芯片操作的光电润湿（OEW），这款 OEW 驱动的微流控芯片不仅可以实现液滴传输、合并、混合、在检测区内固定多路功能，还可以使用智能手机对目标藻类细胞进行荧光检测和计数。利用与OEW 集成的 3D 打印智能手机平台检测各种水样，并对检测数据进行现场分析。由于藻类细胞可以很快被检测出来，因此可以用于早期检测和筛选微生物污染物，从而防止有害微生物在水生环境中扩散。

（五）底栖动物、两栖动物的监测方法

底栖动物和两栖动物都是水自然环境中的重要指示生命体，能够在水自然环境观察看。其重要的评估参数一般有腐殖质指数、生态指标、生物群落多样性指数等，腐殖质指数和生态指标在水质生态研究中具有一定的重要性。加强技术创新，能够增强指标评估的可靠性与合理性。科研人员还可以根据这两种动物的多项指标使用综合方法对水质的富营养化现状进行分析研究，并结合水质的富营养化形成机理和影响因素，提出相应对策和建议，以期为今后开展水环境富营养化状况调查提供理论支撑和技术保障。

（六）电泳分离纯化技术

电泳分离纯化技术是当前核酸研究中比较常见的方法，也是基因工程比较常见的一项技术。电泳分离纯化可以利用电场进行衔接，从而将电离子与电性形成相反的电极移动，该现象被称为电泳。在日常生活中，比较常见的电泳类型包括琼脂凝胶电泳和聚丙烯酰胺电泳。单细胞电泳是利用生物学的变形条件使整体结构改变，这样使得解链形成不同的程度的连接，再通过分子标记进行全面检测。如果运用单细胞凝胶电泳技术对细胞进行检测与修复时，还会出现一些其他的问题。一般情况下，该项技术可以应用于微生物的处理，可以用于对自然环境情况及时分析，还可以用于一些废水的处理，及时分析出生物的动态情况以及种类样数。

（七）生物传感器技术

生物传感器技术利用生物大分子的特异性识别作用，将所产生的生物化学信息通过理化换能器转换为可定量、可处理的物理信号，从而实现对目标物的检测和监控。其主要组成成分包括识别元件以及信号转换元件。

感受器、换能器以及信号处理器作为三个识别元件构成了生物传感器。感受器是一类可以与待测物质发生化学、生物相互作用的核酸等生物分子；换能器是将感受器所产生的相关信号，通过相应的转换器元件转换成可以被进行定量测量的信号；信号处理器的主要作用就是接收换能器所产生的信号并对接收的信号进行转换，经过转换的信号可以通过特定的仪器输出成为可以显示的电信号，以此达到对分析物进行检测和分析的目的。

信号转换单元（换能器）是利用具有光电性质的物质，如光敏管、电化学

电极等，将反应过程中所产生的电、光、热等信号转变为物理信号。根据信号转换元件的不同，可分为光学生物传感器、电化学生物传感器、电导生物传感器等。

根据分子识别单元与换能器的结合方式不同，可将生物传感器分为三代。第一代生物传感器测量的是分析物或酶催化反应底物的浓度，可以通过电信号形式检测，被称为无介质安培生物传感器。在第一代生物传感器中，电极几何形状、生物催化膜和溶液中存在的非特定粒子的干扰都对传感器的响应产生影响。第二代生物传感器将替代氧化剂、介质作为电子载体，从而降低了氧及其他干扰物对反应的影响。然而，介质需与电极连接，使得工艺变得复杂，并且介质有时会参与其他干扰反应。第三代生物传感器使用电极和酶之间的直接电子转移，无须任何介质，如表面等离子体共振（SPR）生物传感器，具有选择性强、灵敏度高的特点。

与现有的检测方法相比，生物传感器具有以下优点：①一般不需要复杂的样品前处理过程，步骤简单；②可实现痕量物质的超灵敏检测；③以核酸适配体为识别原件，特异性高；④易于小型化且信号响应快，可实现实时检测。

生物监测技术是环境监测领域中运用最为广泛的一项技术。它能将生物反应转化为信号，再将信号传递给生物传感器。利用了生物学的各项原理，能够更好地去识别监测物体。利用识别和感知对监测目标进行鉴别，并通过相应的规律实现各部分的转化，从而实现器件和装置的调整。生物传感器一般分为细胞膜传感器、酶传感器以及细胞传感器等，其工作原理是通过微生物形成一种混合菌种的微生物电极。

水中物质的降解代谢反应，导致水中微生物的内外呼吸方式发生变化，一般可以根据电流信号情况来进行鉴别。生物传感器还能鉴定一些金属类的污染物，利用检测的方式分析金属状况，以此确保金属的元素内容。

第三节　水环境遥感监测技术

一、遥感技术概述

水是人类赖以生存发展、科学研究和社会进步的重要基础，是地球上最为重要的组成部分之一。利用遥感技术代替传统人工对水环境进行实时监测，不仅省时、快速、高效，而且能达到大范围同步监测的目的，获取许多不同参数的信息，因此，运用遥感技术对水环境进行监测尤为重要。

（一）基本内涵

遥感，顾名思义是指远距离的，无须接触的一类探测技术。利用遥感卫星上所搭载的遥感器或传感器能探测物体的光学、电磁波或微波的辐射或反射特性，从而接收物体的各类参数信息，并加以提取、计算和处理分析，最终得到有参考价值的数据。遥感数据和产品提供了天气和时空的视图，这两者的集成可以使人们对生态和水质得到更好的了解，提高人们对水体的认识。此外，利用遥感技术所收集到的数据往往比通过其他技术得到的数据更广泛和全面，因为遥感的空间覆盖面更广，频率和分辨率也比较高，同时，遥感图像具有更复杂多样的模式，以及更丰富可利用的时间和空间上的光谱信息。因此，遥感技术是一个重要的数据来源。

水环境遥感监测卫星根据被监测对象的差异大致可以分为两大类，分别是针对海洋进行监测的遥感卫星以及针对内陆水体进行监测的遥感卫星。海洋遥感卫星按照不同功能又可划分为水色卫星、动力环境卫星以及监视监测卫星。海洋遥感卫星能够通过传感器上的辐射强度，测量水体中的光学活性成分，包括叶绿素a、总悬浮固体、水体透明度和彩色溶解有机物等。

近年来，卫星遥感不仅提供了先进的探测技术，同时也利用宏观、全面、动态和准确的研究手段，为地球资源调查、局部和区域环境监测乃至全球环境变化监测做出了巨大贡献。利用遥感技术可以探测农业、林业、渔业以及气象和环境等方面的变化和趋势，通过不同的高科技产品，如人造卫星和宇宙飞船，可拓宽监测范围，扩大可视领域，使人们对周遭生活的环境和其他各方各面都能有更深入的了解和研究。遥感技术因其监测范围的广泛，被越来越频繁地运用到水环境的监测工作中，不但避免了传统人工监测技术存在的弊端，如采样点间距较大、采样时间间隔较长以及缺乏时间和空间上的连续性和精确性等问题，能完整、连续地进行长时间和大面积的监测，而且能够快速、高效地获取信息并处理数据，很大程度上节省了时间，提高了效率。这是遥感技术最明显且最重要的一个优势。

除此之外，遥感技术的适用性也很强。当某些区域人类无法涉足或较难到达时，如人烟稀少的高寒冰川或荒漠，遥感技术便是监测此类区域的重要技术手段。而且，利用遥感技术能够快速地更新数据，对区域环境实行动态监测，如由于森林、树木遭受破坏所造成的水土流失，自然灾害对环境造成的危害以及地表和草原的长期动态变化等。

（二）基本原理

遥感技术利用了光谱特性。任何物体吸收、反射和辐射光谱的特性都不同。物体种类的不同，可以发射和辐射不同环境下各种波长的电磁波。通过遥感仪器可对来自地面物体的电磁波信息和反射光谱进行采集获取、分析处理、加工成像，最终在遥感技术作用下将不同物体的清晰图像直观地呈现出来，能够探测并识别地面不同物体。

（三）系统组成

遥感系统主要包括四个部分：一是信息源。指被监测的事物，即监测对象。一切物质都具有吸收和反射电磁波的能力，根据其内部结构与相关性质的不同，可监测出特定的事物，从而获得关于监测对象的相关信息。二是信息获取。指运用遥感技术装备接收、记录监测对象电磁波特性的探测过程。三是信息处理。即通过特定的装置，对遥感所获得的信息加以分析、解译和校正，掌握被探测物体影像特征，最后识别和获取所需要信息的过程。四是信息应用。专业人员依据不同需求把遥感运用到各个领域中，将信息作为地理信息系统的重要数据源，科研人员就能够按照自身的需要检索并获得有关数据。

（四）基本分类

根据平台不同，可将遥感技术分为三种，即航天遥感、航空遥感和地面遥感。卫星遥感属于航天遥感，具有观测视点高、视域广、可重复采集等优点，是现在遥感技术中最主要的观测手段之一。

根据电磁波光谱波段的不同，遥感技术分为可见光遥感、红外遥感和微波遥感。以下介绍可见光遥感和微波遥感。可见光遥感应用比较广泛，具有较高的地面分辨率，但是受天气因素影响比较大，只能在晴朗的白昼使用。微波遥感通过接收遥感仪器自身发出的电磁波束回波信号，或者接收地面物体发射的微波辐射能量对物体进行探测、识别和分析。典型的主动微波系统有雷达，常采用合成孔径雷达作为微波遥感器。

（五）研究进展

任何物体都具有三大属性，即物体的空间属性、辐射特性和光谱特性，因此遥感在一定程度上就是为了获取、传输、接收、再现、分析和识别这几种反应物体特征的信息，并实现对目标的了解和认知。遥感实现了人对观测事物距离和光谱两个维度上的延伸，极大地提高了人们的感知和认识能力，实现了人们在认识论上的一次飞跃。遥感技术具有范围广、速度快和成本低等优势，能够满足实时和大尺度的水质监测需求，同时可以发现常规方法难以发现的污染物和污染物的迁移和分布特征。水质遥感监测主要通过研究卫星遥感数据和实测水质数据之间的关系，构建水质参数的反演模型，以此获取整个水域水质的空间分布和变化情况。

1. 海洋遥感监测方面的研究

随着社会的进步以及科技的发展，用于海洋遥感监测的方法和技术不断增多。其中，海洋卫星以其高、快、宽、全的特点，为人类更好、更深入地了解海洋，掌握海洋环境信息提供了依据及高技术手段，在海洋强国建设中发挥着重要作用。不仅如此，目前，海洋卫星也成为拓展蓝色经济空间、维护国家海洋权益及推进海洋高新技术发展的强有力的支撑，是当今和未来海洋前沿技术的主要应用领域。海洋遥感卫星通过搭载不同类型的传感器实现探测海洋水体从而获取海洋环境信息的目的。目前，全世界具备探测海洋信息功能的对地卫星有近百颗，其中，美国、俄罗斯和欧洲等国家和地区均已建立起较为完善和成熟的海洋遥感卫星系统。

（1）美国方面

世界上的海洋卫星遥感起源于1960年美国发射的一颗名为"泰罗斯-1号"的气象卫星，由此美国便开始了利用卫星数据信息探索海洋的研究进程。在1978年，美国发射的第一颗海洋卫星"SEASAT"实现了对全球海洋生态和动力环境的观测，自此之后的几十年，美国研发出了许多不同类型的海洋观测卫星，从而使海洋探测技术更成熟，进一步提高了获取和整合海洋信息数据的能力。SEASAT海洋卫星作为美国发射的第一颗海洋卫星，尽管服务时长仅三个多月，但是作为一颗验证海洋微波遥感载荷对于海洋动力现象探测有效性的方案验证型卫星，其获取的数据对之后遥感技术的发展起了很大作用。1997年，美国发射了名为"SeaStar"的轨道观测卫星，能广泛获取海洋信息从而进行海洋生态、海洋生物及海洋其他领域方面的研究。

美国"地球观测系统"（EOS）计划于1991年建立，起始于11年前美国宇航局（NASA）提出的美国全球变化研究计划。在1999年和2002年，美国分别发射了Terra卫星和Aqua卫星，这两颗卫星均属于EOS计划的一部分。其中，Terra卫星是由美国、日本和加拿大共同联合发射的对地观测卫星，其搭载的MODIS传感器属于中分辨率成像光谱仪，与其一起工作的还有其他四种传感器，在此共同作用下，Terra 卫星能有效获取海水表面温度、海洋水色、地球大气及陆地等信息。而 Aqua 卫星上除了搭载 MODIS 传感器之外还有大气红外探测器 AIRS、高级微波扫描辐射计 AMSR-E 等一共六种传感器，能对地球上的水循环进行全面的探测，同时可以获取海洋水面和水体的各类信息。在 EOS 计划当中，MODIS 传感器充当着不可或缺的角色，虽然最高分辨率只有 250 m，但因其广泛的波段分布，提高了对地球的探测识别能力，增强了对地表类型的鉴别功能，是该系列卫星上最重要的探测器。由于海洋监测对分辨率要求并不严格，因此，MODIS 传感器多用于海洋水体方面的监测。

（2）俄罗斯方面

俄罗斯于 1979 年发射的第一颗海洋卫星，主要应用于卫星的试验以及海洋和大气各类参数的测量。而第一颗作为实用类型的海洋卫星（Okean-O1）在此之后的 9 年内研制成功并顺利发射。Okean 系列的卫星主要用于海洋水体的监测，如海水表面温度、海洋水色、海面风速等其他方面。关于海洋系列的卫星发展一共经历了四代，其中发射卫星数量最多的是第三代的 Okean-O1 系列卫星，累计发射 9 颗，其有效载荷为 RLSBO 和 RM-08，分辨率分别为 1.8 km 和 17 km，卫星质量为 1 950 kg，轨道高度为 660 km。

除海洋卫星之外，俄罗斯也构建了气象探测的卫星体系（Meteor）。该系列卫星目前已发展了四代，其中最新一代的 Meteor-M 系列卫星具有探测大气温湿度和各类微量元素的功能，为水文气象学和地球物理学提供了大量有效信息，同时也满足了全球卫星气象数据交换和共享的要求。而该系列卫星的前三代即 Meteor-1、Meteor-2 和 Meteor-3 均是由苏联研制发展的卫星系列，其中搭载的有效载荷主要有电视相机系统、红外辐射计和多通道光谱仪，卫星质量从最初的 1 300 kg 增加到 2 200 kg 左右，轨道高度也从 560 km 提高至 1 200 km。

（3）欧洲方面

由于美国是全球卫星的领跑者，因此，欧洲在遥感卫星技术上的研究发展曾受益于美国，但同时也受限于此。为此，欧洲自 20 世纪后期便开始独立研制适应欧洲需求的遥感卫星，历经十年时间，欧洲航天局于 1991 年成功发射第一颗对地观测的遥感卫星（ERS-1），该卫星是欧洲历史上研制和发射过的较为先进的航天器之一，能实现对全球环境包括海洋、陆地和大气不同层面的实时监测，尤其是对海洋环境的保护、资源的利用和开发以及科学研究等方面均提供了实质性的数据，其有效载荷包括扫描辐射计、雷达高度计及其他监测海水表面温度和海面风力速度的仪器。

虽然 ERS-1 的设计寿命为 3 年，但其实际工作服务时长达 9 年之久，因部分仪器故障，于 2000 年结束服役。而早在 ERS-1 发射的 4 年后，欧洲的第二颗遥感卫星即 ERS-2 便成功发射了，其有效载荷的全球臭氧监测仪可提供大量大气数据，除此之外，如海面情况和大洋环流等信息，该卫星均可及时探测并捕捉。在经历了 8 年的工作时间后，ERS-2 由于部分功能丧失，最后只能起到观测并实时传输数据的作用。ERS 系列的两颗卫星，卫星质量为 2 384 kg，轨道高度为 785 km，此后作为其后继卫星的环境卫星 Envisat，其卫星质量高达 8 140 kg，轨道高度则为 774 km，与前者相差无几，是迄今为止欧洲研发的规格尺寸最大的环境卫星，最主要的有效载荷为合成孔径雷达，可进行多极化、多角度地实时监测，同时还能生成海洋、陆地和大气的高分辨率图像，以此来研究这三者在时间和空间上的变化情况。Envisat 在轨服务长达 10 年之后，在 2012 年与地球失联，自此欧洲航天局宣布其结束服役。

（4）日本方面

1987 年日本发射了第一颗遥感卫星 MOS-1，这也是日本的第一颗海洋观测卫星。该卫星能为农林渔三个产业提供大量有效的数据和图，在当时有八个以上的国家参与了该项目的研究工作。时隔三年日本发射了 MOS-1B 卫星，作为一颗应用型卫星，其具备监测海水水表面温度和水色以及观察洋流情况等方面的功能。该系列卫星有效载荷为红外测温仪和多光谱辐射计等，卫星质量为 745 kg，轨道高度为 908 km。

在之后的卫星发展中，日本陆续发射了 JERS 系列和 ADEOS 系列卫星。JERS 系列卫星即日本地球资源卫星，这是由日本研制发射的第一颗观测地球表面的卫星，主要有效载荷有合成孔径雷达和光学传感器，可用于海岸带和海面的监测，能有效提供高分辨率图像和各类信息数据，以此来获取地表特征信息。该卫星在历时 6 年多的工作时长后于 1998 年停止服役。而 ADEOS 系列卫星则被称为日本的先进地球观测卫星，其卫星质量高达 3 700 kg，轨道高度为 812 km，其中搭载的有效载荷——全球成像仪及微波扫描辐射计能实现全天候探测与水相关的物理参数，并监测海、陆、空的实时变化，提高对灾难预测的精度，对了解和研究全球气候变暖起到很大作用。

（5）中国方面

中国在海洋遥感卫星方面的研究相比于其他国家起步稍晚，但中华人民共和国成立以来，国内对遥感卫星的技术研究和应用非常重视，从 20 世纪 70 年代国家就开始对遥感卫星技术的研发和应用进行摸索，构建了三个系列的海洋卫星发展规划，经过多年努力和建设，取得了卓越的成就。

中国卫星遥感应用于海洋监测始于 1988 年 9 月发射的第一颗极轨气象卫星"风云一号（FY-1A）"，该卫星搭载多通道可见光和红外扫描辐射计（MVISR），可获取高质量云图资料；之后于 1990 年 9 月发射了 FY-1B 卫星，配置了两个海洋水色通道的高分辨率扫描辐射计，获取了我国海区较高质量的叶绿素浓度和悬浮泥沙浓度分布数据。虽然这两颗卫星都是作为试验型卫星在轨工作，但风云一号 B 星相较于 A 星的姿态控制系统有明显改善，其搭载的遥感器更是有较好的成像性能，可提供更清晰的可见光云图，其中两个具有海洋水色通道的高分辨率扫描辐射计还能对海洋水色水温进行观测和研究，该卫星在轨工作时间为 165 天。虽然风云一号 A、B 两颗卫星的工作寿命很短，但该系列卫星的发射标志着中国已跻身于世界上少数具有研究、发射和运行卫星能力的国家行列当中。在 2008年 5 月，我国又发射了第二代极轨气象卫星风云三号 A 星（FY-3A），其搭载了11 种观测仪器，光谱通道高达百个，以三轴稳定的方式对地进行实时观测，能获取全球温度、湿度和云辐射等气象参数，还能监测全球范围的气候变化和生态环境并预测灾害的发生。

2002 年的 5 月份我国发射了第一颗海洋水色卫星 HY-1A，即海洋一号 A 星，这是我国自主研究并成功发射的第一颗作用于海洋水温及水色探测的试验型业务卫星，其主要功能是对海洋水体的环境参数包括海水表面温度、叶绿素、悬浮颗粒物以及海岸带动态特征等进行实时监测，该卫星在轨运行了 685 天之后于2004 年 4 月宣布结束工作。HY-1A 卫星的发射使我国对海洋水色数据的提取能力有了明显的提高，完成了对海洋水色和水温等的验证，奠定了我国在海洋遥感卫星技术方面的发展基础。

第二颗海洋水色卫星 HY-1B 于海洋一号 A 星结束工作后的第三年被成功研制出来并顺利发射，该卫星也被称为海洋一号 B 星，是在 A 星的基础上进行加强和完善的，其监测能力和精密度相较于前一颗卫星均有明显提升。我国更是以HY-1B 卫星所获取和处理的数据资料为依据，结合海洋水色其他相关的信息以及GIS 技术，针对当前海洋环境和水体质量恶化和海上灾害频发而传统人工监测又无法大范围地开展，无法进行动态监测并提供实时评价或服务等问题，构建了一套适合长江三角洲沿海水质实时遥感监测并随时传递信息数据的系统，为政府和相关工作部门提供数据支持和信息服务。

目前，在轨的 HY-1C/1D 两颗卫星采用上下午星组网运行的方式，能够实现对全球大洋水色水温星下点 1 km 分辨率、2 次 / 天的覆盖能力，叶绿素 a 浓度的反演精度达到 40%，海面温度探测精度达到 0.7 K；针对中国海岸带区域以及部分重点海域，能够形成 50 m 分辨率、不少于 1 次 / 天的快速重访能力。目前，中国正在研发与当前国际先进水色观测卫星水平相当的新一代海洋水色卫星。

海洋二号 A 星即 HY-2A 星，于 2011 年发射，是我国发射的第一颗海洋动力环境卫星，其搭载的主要仪器包括雷达高度计、微波散射计和扫描微波辐射计等。其中雷达高度计可精准测量海面高度和风速，除此之外还能测量有效波高，这对长期进行海洋遥感监测起到了重要作用；微波散射计能探测海面的风力大小和方向，在一天时间内可覆盖探测全球 90% 以上的公海面积，能提高全球和区域当中关于海风数据的连续性；而扫描微波辐射计则是一个多通道的辐射计，可获得全天候条件下的海洋环流参数，如海水表面温度、海面风以及总水汽等数据。总体而言，HY-2A 卫星作为一颗探测和了解海洋整体环境和海洋动力的卫星，及时并高效地提供了海洋实况数据，并且为海上灾难的预测和防御以及海洋环境的保护奠定了基础，同时更是给海洋资源的开发利用和海洋科研及国防军事方面提供了支持和帮助。

2016 年 8 月，我国发射了一颗名为高分三号（GF-3）的合成孔径雷达卫星，这是我国首颗分辨率达到 1 米的 C 频段多极化 SAR 成像卫星，它的发射和应用，意味着我国低轨道 SAR 遥感卫星的研究技术有了新进展。GF-3 卫星具有高分辨率、高精密度和多个成像模式的优点，可全天候 24 小时对全世界的海洋和陆地环境资源等进行监视和监测，既可大范围探测，也能做到对特定区域进行专项监测调查，可针对用户的不同需要提供相对应的服务。不仅如此，该卫星能及时传递关于海洋水体和海面的监测数据，如若遇到海面突发紧急情况，相关部门便能迅速做出响应，降低危险进一步蔓延的可能性，同时其提供的数据能在灾害发生前起到预测作用，或是对灾后重建工作提供一定的帮助，为我国当前环境资源的调查、海洋环境保护和防灾减灾等需求的剧增解了燃眉之急。相比较我国其他卫星的寿命，高分三号卫星的设计寿命为 8 年，这是我国第一颗设计寿命在 5 年以上的卫星，较长的寿命能使卫星进行长期的环境监测，以此获取更多数据，提高卫星自身使用效益。

2. 内陆水体遥感监测方面的研究

在对内陆水体的水质遥感监测中，常用的多光谱数据源包括中分辨率成像光谱仪（Moderate Resolution Imaging Spectroradiometer，MODIS）和 Sentinel-2。由于 MODIS 和 Sentinel-2 均为免费的多光谱数据源，而国产卫星系列在近几年发展迅速，下面将重点阐述这两种遥感数据源和部分国产卫星系列在内陆水体水质监测中的发展现状。

（1）MODIS

MODIS是搭载在美国EOS卫星上最重要的光学传感器，可用于对陆表、生物圈、固态地球、大气和海洋进行长期全球观测。MODIS数据接收相对简单，全球免费获取，相比其他卫星遥感数据提供了有助于辐射校正的大气廓线数据，在未来的水质监测中具有巨大的发展潜力。

（2）Sentinel-2

Sentinel-2由两颗高分辨率多光谱成像卫星2A和2B组成，主要用于监测近岸水体和大气中的气溶胶以及在红边范围内植被的健康信息。Sentinel-2在可见光/近红外到短波红外光谱范围中具有13个通道，为沿海和内陆水域的水质监测提供了合适的数据源，已经成为近些年最流行的多光谱遥感反演数据源之一。

（3）国产卫星系列

自2008年以来，中国环境保护部卫星应用中心发射了一系列针对环境监测的中/高空间分辨率的卫星，包括环境系列卫星（HJ-1A/B和HJ-1C）、高分系列卫星（GF 1-7）等，这些卫星成功地应用于内陆水体的水质监测和蓝藻富营养化预测。

二、遥感技术在环境监测中的优势

（一）监测范围广

一般而言，相关单位以及技术人员在进行水环境监测的过程中，往往会采取地表检测的方法，但这种方法会因为监测面的狭窄而只能获得较少的信息。随着遥感设备以及相关技术的运用，技术人员能够获得更加全面、真实的数据信息，从而增强和确保监测的准确性。

（二）高效快速

在借助遥感技术进行水环境监测的过程中，由于所使用的飞行器装置都较为先进，故而在实际的运用过程中，能够非常快速地获得所需的资料，进而促进工作效率的提升。

（三）监测工艺优秀

相关的监测实践显示：随着遥感技术的运用，相关单位能够实现对荒漠、冰川等人迹罕至区域的监测，从而实现监测准确性的提高，促进相关效益的取得。不仅如此，该技术在运用的过程中能够实现对固定区域的多次成像，可以获得最精准的动态信息。

三、水环境遥感监测技术的应用方法

水色遥感主要通过处理卫星影像数据，从而获得水体中悬浮泥沙含量、海表温度、有机物质的分布等一系列信息，为监测管理水环境、水资源提供科学有效的帮助。水环境遥感监测的实质为：通过水色传感器接收到经水体反射离开水面的辐射信号后，在去除大气影响的基础上，得到离水辐射亮度值，然后根据水体悬浮泥沙和叶绿素 a 等物质与水体光学的相关关系，通过一系列的反演算法，从而反演出水体所含各个物质成分的浓度。当太阳光射入水体时，一部分光在海水表面直接被反射回去，被传感器接收。另一部分太阳光直接进入水体，进入水体的太阳光大部分会被水中的无机和有机悬浮物质反射，经过水中悬浮物质反射的辐射能量，较少部分能返回水体表面，被传感器接收。还有少部分太阳光透射到水底被水分子吸收和散射。这是利用卫星遥感技术进行水色观测的依据。

（一）悬浮泥沙遥感监测方法

悬浮泥沙是衡量水质状况的重要指标之一，悬浮泥沙浓度的变化会影响水体透明度、浑浊度等光学特性。为了提高监测数据的精确度，扩大对悬浮泥沙的监测范围，研究人员往往采用经验模式对悬浮泥沙浓度的变化进行监测。

首先，基于卫星传感器获取研究区域的影像信息，从中获取各波段的反射率；然后比较分析遥感影像各波段反射率与同步获得的实测悬浮泥沙数据之间的相关性，构建适用于研究区域并且能反映悬浮泥沙浓度与水色遥感信息之间关系的反演模型；最后将反演模型应用于研究区域从而得到悬浮泥沙浓度的水色信息。由于不同水域悬浮泥沙的敏感波段各不相同，我们需要基于遥感卫星数据研究出适用于研究区域水体特性的悬浮泥沙反演模型。

（二）温度遥感监测方法

任何物体的温度超过 0 K 时，都会向外发射红外辐射。热红外遥感是指通过搭载于不同卫星上的热红外传感器来收集目标物体的热红外影像，然后处理影像数据获取其中的热红外辐射信息，对目标物体的特征参数进行反演从而达到地物鉴别的目的。

热红外辐射计探测到的海表温度主要是指海水表面薄层水分子的平均温度，原因在于只有海水表面薄层水分子发射的电磁波辐射能够溢出水面。在海面发射的辐亮度已知的条件下，可以通过普朗克（Planck）辐射定律计算得出黑体等效辐射温度即黑体温度，这个温度是根据与海水表面具有相同温度的黑体自发辐射的辐亮度计算获得的温度，并不是真正的海表温度，想要反演出真实的海表温度，必须对从卫星传感器上获取的辐亮度进行辐射定标和大气校正等处理，去除当大气和灰体辐射率低于黑体时对海表温度反演结果造成的干扰。

（三）叶绿素 a 遥感监测方法

水体的光谱特性受各种光学活性物质在水中的光辐射、散射性质以及对光的吸收能力的影响。在可见光波段，纯水的光谱反射率曲线几乎是线性的，波段反射率随着波长的增大而减小。当有其他物质时，水体的光谱反射率曲线会发生变化，出现峰值与谷值。水体中的叶绿素 a 具有强吸收性特点，高叶绿素 a 浓度的水体的光谱反射率曲线在蓝紫光波段和红光波段呈现出谷值，而在近红外波段呈现出显著的峰值。水体叶绿素 a 浓度的遥感监测机理就是建立在水体光谱反射率曲线会随着叶绿素 a 浓度的变化而变化这一现象的基础上的。而分析研究区域叶绿素 a 浓度分布的关键就是找到叶绿素 a 浓度与水体反射率之间的关系，并在此基础上建立定量反演模型。

（四）油污染遥感监测方法

借助遥感监测技术调查分析水体油污染不仅能够对已知污染区的范围以及污染物的含量进行充分的了解，还能够进一步追查到污染源的所在。目前，在进行油污染遥感监测的过程中，技术人员发明了多种方法，如可见光遥感、紫外遥感、红外遥感以及微波遥感。

第五章　水环境保护与监测策略

就我国现在的水资源问题来看，水污染是急需得到处理的问题，对水环境的保护，也需要加大力度。这需要多方的努力，各个部门间紧密配合，在提高水资源利用率的基础上，达到保护水环境的目标。有效开展水质监测，可以对水污染源进行控制，为水环境评价提供基础，给城市环境规划提供指导，有利于水环境保护，维护生态稳定。本章分为水环境保护策略、水环境质量监测与评价两部分。

第一节　水环境保护策略

一、提高水资源利用效率

鉴于对我国用水质量和用水量方面的分析，以及对总水量与总水质和经济发展匹配性的分析，现对我国今后提高水资源利用效率与经济可持续发展提出以下对策，以求减少对水资源的浪费，实现对水环境的保护。

（一）优化区域产业结构及经济布局

不同的产业部门和生产方式对水资源的使用和消耗是不同的，因此产业结构对水资源利用效率的影响是非常大的。应禁止部分区域引进高耗水、高污染项目，鼓励发展节水的高新技术产业，促进产业结构深化调整和产品技术升级换代，提升工业用水处理和重复利用率。优化产业结构和优化水资源配置要符合市场的实际发展状况，加快工业和服务业的发展步伐，把宝贵的水资源应用在用水投入少、经济效益产出高的各种产业中。在人类的生活和生产的活动中，把提高用水效率和合理配置水资源放在优先考虑的地位，完善用水制度，调控各产业用水，控制高耗水产业比重，降低耗水量。同时，调整农业种植结构，合理限制农业用水量，使有限的水资源向高效益、低耗水的作物配置。以产业结构调整进一步促进水资源优化配置，促进经济稳定、可持续发展与有效提高用水效率、推进水环境保护协同并进。

我国东北地区应抓住党中央、国务院实施全面振兴、全方位振兴东北这一契机，对产业结构和经济布局做进一步调整。把用水量少、经济效益大的电子信息、生物工程、商贸流通、现代服务业、先进装备制造等行业作为发展经济的重点来抓，运用高新技术改造传统产业，促进工业产业全面向高、精、尖、深方向发展。调整工业布局，特别是对临海工业布局的调整，以有效地促进工业产业结构与布局。在调整农业产业结构方面，应大力推广农业科技，并鼓励、引导和扶持农户来种植耗水量低且产出高的农产品，科学合理地调整农业种植结构，合理减少高耗水作物的种植面积。结合雨水集蓄利用，发展以微灌、喷灌、滴灌、温控等微机化控制技术为核心的农业高效园区，以减少农业的用水量。虽然从目前的实证结果来看，我国东部地区经济与水的协调发展态势比较乐观，但为了能将此态势长久地保持下去，仍然需要东部地区加大优化产业结构的力度，选取更为合理的产业发展模式。我国西部地区应依托现实优势，大力发展第三产业，提升第一产业的生产效率，并整合产业资源，依托"一带一路"倡议，实现以第三产业为主，第一、二产业为辅的区域发展目标，彻底改变粗放型经济增长方式。

（二）加强对非常规水资源的开发利用

随着经济的发展，水资源的利用量不断增加，今后各个省（市、自治区）在保证地表水、地下水等常规水资源利用量的同时，应把重点转移到非常规水源的开发、利用上来。例如，东部沿海地区应加大对海水淡化的研究，降低海水淡化的成本。在工业用水工艺中，加大对海水直接利用、海水淡化、循环利用的研究以及中水的使用量，尽可能少地使用淡水，以保证生活用水。对非常规水资源的开发和利用应包括以下几方面。

1. 对污水再生水的回用

目前，我国的污水处理设施增长依然较缓，污水离零排放还有很大的距离。同时，污水处理率、回用率较低。工业用水量达到 60% ～ 65%。大部分工业企业自己钻井获取水源。由于用水方便，导致工业耗水量巨大。要进一步提高工业用水效率，就要充分认识到，废水也是一种可再生利用的水资源，利用好废水是解决水资源短缺的有效途径，是实现水资源合理利用的关键。一方面，采用节水技术和节水设备，调控工业生产用水，减少工业的低效率超量耗水；另一方面，要吸纳社会资金大力建设污水处理厂，使废水处理产业由单一的政府投资和管理走向社会产业化，对使用回收用水的企业在政策上给予支持，加大设施改造补贴力度等。

2. 对海水的淡化利用

鉴于东部沿海地区的海水直接利用前景广阔，因此在今后对非常规水资源的利用中，应重点加大对海水的直接利用。结合海水淡化成本高、海水中有多种对人类健康有益的矿物质的实际，可通过海水淡化工艺保留海水中的对人体有益的矿物质，生产矿物质饮用水。同时，可将大部分处理后的海水用于工业设备的间接冷却、化工和水产养殖业上的洗涤、水产冷冻品的解冻、水产品初加工、洗浴、冲厕、清扫、锅炉冲渣、除尘等。

（三）严格监督考核，优化激励和惩罚机制

加强水资源管理和绩效考核管理。在"三条红线"的考核目标下，进一步完善水资源管理体制，建设"天地一体化"监测系统，通过高分影像、遥感技术和地面水土监测技术，不断提升相关部门的执法效能。优化绩效考核机制，将水资源的利用及保护情况与政府年度考核挂钩，充分发挥考核"指挥棒"作用，进一步提高各地区对水资源的重视和优化配置，确保水资源可持续发展，从而实现对水环境的保护。

（四）深化水价改革并逐步实施分级分质供水

虽然我国属于"水量型"缺水，但污水的排放量也很大。也就是说，虽然我国的污水处理率很高，处在世界前列，但是污水处理后的回用率却很低，大部分处理后的水直接排放到大海而没有再利用。目前发达国家基本已实行分质供水，国内一些省市也把分质供水、优水优用作为发展方向。作为解决水资源短缺的重要途径，将"优水优用、分质供水"的理念贯穿到水资源配置的实践之中，不仅可以实现水资源的循环利用，而且可以降低产品的生产成本、降低污水排放量。深度水处理技术的发展为城市分质供水提供了技术上的可能性。而从经济性的角度来看：对于用户来说，低质水的使用，意味着他们不需要为高质水低用而支付高质水的费用；对于供水企业而言，则可以只对水质要求很高的少量用水进行深度处理，而不必对大量用水深度处理，节约不必要的深度处理的资金。因此，实行"优水优用、分质供水"可以使高质量水源在没有任何危害的条件下提供给用户，用低水质及再生水满足用户非饮用水的需求；还可以减少对优质水源的浪费，使大量的一般用水的水质要求不过分地提高，可避免投入大量资金用于新水源的建设和远距离原水的输送，减少原水水质处理的费用。

在此基础上，我国政府对水价制定还需要进一步细化。据统计，我国最高水价仅为全球最高水价的1/10，平均水价仅为国际平均水价的1/3，低水价造成了大量水资源的消耗。因此，要深化体制改革，改革不合理水价制度，以水价调控用水结构。在生活用水方面，政府要根据不同用水用户和用水量，实行阶梯价格，同时实行水费公开制度，让用户清楚收费项目，便于群众监督，促进节水工作的开展。在工业和农业用水方面，要综合运用技术创新、价格管理和奖惩补贴等各种措施举措协同推进，促进工、农业用水机制改革同其他相关改革相衔接，既要促进节约用水、保障水利工程良性运行，又让农民群众用得起水，不影响农民种粮的积极性。

（五）改变节水思维，建立节水型社会

我国虽领土面积广袤，但由于人口密度大，且水资源分布不均，地区差异显著，因此，总体上来说仍是世界水资源极度短缺的国家之一。而水资源又是人类社会健康稳步发展的必要资源之一，因此务必要让每个人转变传统用水观念、深化全民节水意识。政府要充分利用普法活动、"世界水日"等契机，通过互联网、广播电视、报刊等媒介，大力宣传与水相关的法律法规，提高全民的水环境保护和水资源利用方面的法治意识。此外，提高公民的节水意识，还要把水法制宣传活动与建设节水型社会建设紧密结合起来，加大力度增强公众的水资源保护意识、节约用水意识与依法用水观念，使全社会民众都来关心水、珍惜水和保护水，为节水型社会建设打造出良好的氛围。

20世纪90年代，我国试点首批"节水型城市"，而节水技术一直在不断进步，但是与国外节水技术相比还存在较大差距，因此在节水中应提出新标准和更高的要求。虽然以前的节水措施取得了很大成绩，但是仍然没有改变区域缺水和环境恶化的局面，其主要原因在于以前只注重工程技术手段的运用和微观用水效率的提高、侧重于末端用水环节和城市地区的节水，而缺乏从经济社会协调发展的战略高度去注重区域各类水资源的整体优化配置和强化水资源开发利用全过程的科学管理。因此，今后的节水不应只"为节水而节水"，还应提倡社会的协作与优化。

（六）大力加强农业领域节水工作

根据数据分析，从1987到2017年，农业水量足迹增长11 032.61亿 m^3，年均增长率为3.38%；近30年人均农业水量足迹增加了659.04 m^3/人，年均增长率为2.50%。农业用水量增长迅速，同时农业产业中大水漫灌现象严重，用水收费不十分合理，地下水大量采用以及通水设备渗漏现象等都会造成农业产业用

水效率低。因此，要提高水资源利用效率，首先要大力发展节水型农业。

第一，要用先进的科学技术和管理办法去提高农业综合用水效益，根据农作物的不同特点以及当地的技术条件，采用喷灌、滴管等节水方式进行农业灌溉，尽量减少化肥、农药等对地下水的污染，实施水肥药一体化技术，提高农业用水效率。

第二，根据区域和种植区的实际情况，调整农业产业结构、作物品种与布局，提高农田整体水分利用效率。

第三，减少土壤的无效蒸发，如覆盖地膜或秸秆还田覆盖等，这些技术可以改善土壤的土质成分，促进作物的健康成长，而且能够有效地保持水土，是提高农业用水效率的有效途径。

综上所述，要切实做好提高水资源利用效率的工作，保障我国经济的健康稳步地发展，就必须做好强化公民节水意识，提高水循环利用率，加大工农业的节水力度，优化产业结构，深化水价改革方案等工作。在每一个层面中都要完善管理体制和机制，不断破除制约水资源可持续发展的各种障碍，推进水资源体制创新，推动我国水资源开发利用和水环境保护走上良性循环的可持续发展轨道。

二、提升水污染跨部门协同治理效能

在水污染治理等跨区域公共问题上，跨部门协同治理可以将各部门单一资源整合成集体资源，形成整体优势，完成单一部门无法完成的行动，大幅降低治理成本，提高协同生产力，使得水污染问题得到有效解决，进而实现对水环境的保护。

（一）强化政府部门协同治理意识

意识是个人对于自己的行为准则进行有规范的管理和约束，通过自己的思考去判断自己的行为是否正确，进而形成我们对于外界事物和自身行为方式的判断。强化协同治理意识对于规范协同行为具有重要作用。

1. 重塑治理价值观

实现水污染跨部门协同治理，要始终坚持可持续发展的科学治理观。价值观引导行动，反映人们的认知和需求。树立新型政府行政价值观，就是要遵循"科学执政、民主执政、依法执政"的标准，在水污染协调治理中坚持为人民服务、造福人民的价值观。一方面，政府要转变传统官本位价值观念。要树立以人为本、服务为民的价值观念，增强自身作为人民公仆的身份定位，去除自身落后的"官味"和"管味"，坚持将人民放在第一位的价值观。另一方面，干部队伍对于传统文化的学习要取其精华弃其糟粕。

首先，传统文化不乏具有大智慧的精神思想，对于传统优秀文化政府各部门官员应该古为今用，将先进思想融会贯通到现有的治理理念中。其次，要学习国外行政价值观中的先进价值理念，将这些先进价值观念以适合中国国情的形式融合在不同部门的管理理念中，逐步形成适应现代化发展的科学治理价值观。

2. 培养政府协同治理共建思维

建立正式的跨部门协同关系，直接关系到多元主体共同目标的实现。科学灌输以人为本的价值观，为政府部门的协同管理搭建概念框架，对未来逐步融合、协同管理具有重要意义。在共同努力解决水污染问题时，必须激发有关部门的内在动力，促进形成可持续的伙伴关系。一是以科学价值观为指导，各部门就某一类型或区域的水污染问题树立共同的目标或任务，严格以同一目标为导向进行协同活动，在行动中逐渐培养部门间协同治理共建意识，开辟一条水污染协同治理的通顺之路；二是一个部门应该清楚地知道如何在与其他部门协同行动的过程中更好地实现其组织目标；三是在协同过程中，对于出现的治理偏差应及时纠正，定期培训协同的相关知识，保持共建意识的长效生存。因此，在水污染协同治理中，共建意识的意义在于当集体利益与部门利益发生冲突时，个人利益能够服从集体利益，达成共识。

针对不同类型的水污染，水污染治理部门之间可能会自发产生共建思维。为了建立稳定的合作关系，我们可以通过培养干部意识，树立部门的共同目标，达成部门间的共识。第一，共同目标要经过科学专业的讨论，在制定之前要充分了解治理主体和客体的关系，明确梳理现有价值观念和思想意识，因地制宜、循序渐进地制定最有利于协同的共同目标；第二，共建思维不代表完全抛弃个人意识，虽然以集体利益为重，但是个人利益也不应该被忽视，在构建共建思维时，要细致分析治理主体和客体的职能、组织目标和专业技术领域，争取保证集体利益与个人利益的共同维护和发展，为促进协同治理提供缓冲。

3. 提高部门共同利益认知一致性

水污染跨部门协同治理的最终目标应落在水污染治理上，跨部门协同作为水污染治理的手段，可以为其提供平台和工具，水污染治理为"本"，跨部门协同为"末"，提高部门共同利益认知一致性可以防止治理过程的"本末倒置"。

提高部门共同利益认知一致性，就要提高主体间的信任程度，培育以协同为导向的团队文化。信任与合作的关系密不可分，二者相辅相成，信任对合作具有积极作用，是组织达成合作的前提。合作也反作用于信任，组织在合作过程中巩固伙伴关系，从而促进组织间稳定的信任文化。因此，打造一流的治水团队，培养团队凝聚力是提高部门共同利益认知的重要途径，需要不同部门持之以恒的努力。

首先，可以适当开展团队文化实践活动。建立读书角鼓励部门成员阅读水治理方面的相关书籍，举办读书交流会，增进彼此对专业知识和集体精神；鼓励开展组织内比赛，部门成员之间开展水污染治理知识竞赛、协同治理风采展示比赛等，强化部门合作精神。

其次，以软性监督来增强团队的积极性和主动性。治水部门之间可以参考高校内教学水平评测的方法，对治水团队的部门和个人开展"满意—比较满意—不满意"投票，并给予一定权重，对核实确定协同不利的部门和个人进行通报和处罚，并公布在水污染协同治理网站上。以这种软性监督的方式，督促和固化水污染跨部门协同治理行为，增强团队协同治水的积极性和主动性。

4. 坚持求同存异互利共赢原则

"求同存异互利共赢"可以拆成两部分来看，一个是"求同存异"，一个是"互利共赢"，两者存在着互相依存和递进的关系。求同存异指的是不同部门的职责范围和行动习惯不同，在水污染治理这一大目标的促使下，部门间想要达到最合适的协同模式就要坚持求同存异的原则，保持自身特色和技术优势，与其他部门相互配合治理水污染达成共同目标；互利共赢指的是当水污染涉及地域范围广时，两个相对独立的行政管辖区依次就公共物品做出决定，决定结果由双方承担，水污染一天不得到有效治理，部门就存在承担惩罚的风险。"独善其身"是很难做到的，只有互相合作才能达成共同的利益目标，从而得到良好治理的效果。

首先，组建协同治理组织机构。建立强有力的区域合作组织，给予组织一定的监督权和执行权，组织领导由水污染非职能部门领导担任，对各部门协同治理水污染起到协调作用。在水污染治理的问题中，部门分割是制约双方协同的关键因素，建立合作组织可以有效纠正分裂的错误；以组织执行权保证各部门在"存异"的情况下合作，以监督权保障部门间实现水污染治理的"求同"，会使得治理的道路相对顺畅许多。

其次，完善利益补偿机制。包括生态补偿、经济补偿和交易补偿。对于水污染区域内的原住居民进行生态移民，补偿相应的物质资源，缓解原住居民对治理部门的不满情绪对于水污染治理的相关部门给予经济补偿，弥补因协同治理损失的部门利益，有力的财政补贴可以使部门更能放手一搏；给予治理部门之间合作平台交易补偿，简化合作程序，降低合作的条件，可以尽可能减少因复杂的程序而临阵脱逃的行为。在水污染治理过程中不同部门都得到了一定的利益补偿，弥补自身的物质损失，部门减少了这种资源上的压力以后，可以更轻松地投入水污染协同治理中，从而形成良性循环，达到互利共赢。

（二）完善跨部门协同治理制度

系统自身是流程性的，可以制约和规范人们的行径。"没有规矩不成方圆"，规章制度指引和管束人们的行为是强制性的，使行政行为可以在科学合理的时间跨度内进行，对实现行政目标起着不可或缺的促进作用。

1. 完善目标责任制

增强协同动力需要培养生态环境共同体意识，避免各部门过度追求各自目标而放弃共同的目标，制定多方共同认可的统一目标。只有在统一目标的指引下，各部门才能最大化地消除彼此冲突，减少部门内耗，将资源集中投入于水污染治理中，增强水污染跨部门治理的协同效应。

首先，在制定目标前应注意部门的差异化。各部门在实现目标的过程中出于自身利益的考虑，在执行目标管理的过程中会形成资源竞争的局面。竞争中有领先位就有后几位，有的部门前进无望，被催办督办时，拿出"弱者武器"，以任务太重、已经尽力、能力就这些等借口"摆烂"。因此，设定目标的时候要注意部门的差异化，确保环保目标能够稳定渐进实现。

其次，在制定目标的过程中，应当从各部门现有的职能出发，尽量将现有职能融入协同治理中，而非新增职能强加给部门，避免制造新的协同阻力。

最后，要适时对目标内容进行修订完善，可以对部门发现的特定问题进行修改，或是定期收集部门反馈的问题，归纳总结共性问题，有的放矢地进行解决，促进目标实现。

2. 深入推动跨部门协同立法

在水污染的治理中，完善的法律法规是各部门达成合作的重要保障，它可以有效地规范、引导和监督各部门履行职能，以硬手段来强制性地保证部门合作，减少或避免合作中存在的矛盾冲突，保证合作的稳定性。法律法规也可以对违反协同规则的部门进行处罚，对其他不太配合的部门起震慑作用，督促协同工作顺利开展。因此，应该建立和健全相关法律法规，对协同行为进行规范引导和监督，使部门协同走向规范化、制度化和权威化，为政府不同部门提供协同治理生态环境问题的法律依据。

部门间的合作不仅需要行政人员思想意识形态上的合作意识，还应该以强制性的法律法规将合作规范在一定范围内。因此有必要通过立法确定水污染治理部门间的合作模式以及法律地位，并对不同部门在合作治理中的权力和义务加以规范，合理划分治理资源，保护水污染治理中主客体的权益，使得协同井井有条。水污染治理问题复杂，涉及政府部门数量多，程序也相对复杂。现行《中华人民共和国水污染防治法》中，一些规定仍存有重叠甚至分歧的情况，对域内的水污染防治问题没有明晰条例。因而，需要健全跨部门协同治理水污染的相关法律规定。在完善水污染跨部门协同治理的法律法规时，首先，要明确部门协同的连接问题，不同部门具有独立的部门特色，如何将这些独立部门有效捏合在一起缺少不了法律的强制性来保障实施。其次，明确不同部门在水污染治理中对于生态环境的保障做出的详细规定，对于水污染的不同类型明确水域污染物排放标准和有效治理手段。最后，除了国家层面的法律条文，有关流域水污染和城市水污染治理的相关地方性法规和部门规章制度也需要加以完善，根据国家制定的法律条文拟定部门内部的行为规范，明确部门职责和责任追究等相关问题的解决途径，使水污染跨部门协同治理有法可依。

3. 完善协同治理计划准备制度

管理具有计划、组织、控制三项职能，"谋定而后动"指的是做任何事情都需要一个完备的计划方案，协同治理要先有工作计划才会有后续的组织和控制，管理工作也不能缺少"计划"这一环节。水污染协同治理的整个过程首先需要一个庞大缜密的规划，要分阶段、分步骤、分时段和分部门进行有序治理，准确分析治理过程中的各项影响因素，尽可能避免治理中的干扰成分。对于具体的合作治理则需要在大的规划下制定小的工作计划，明确不同工作进程应该达到的标准。

（1）计划要有时效性

计划的实现要有时间限制，部门制定了协同治理的目标，那治水工程就要在计划规定的时间内高效完成目标，计划执行过程中应随时记录工作内容和进度，使工作能够如期交付。因为计划一旦制定完成，如果不及时实行计划，那么在治理过程中就容易因为外部影响因素的出现而导致计划发生偏差。

（2）计划要具有原则性

由于制定计划会花费大量的人力、物力和财力，在制订该计划后治理成员应发挥监管作用，在计划规定的范围内完成一系列工作，确保计划的有效执行。因为对于治水的整个工作系统来说，每个部门都应按照工作计划按部就班的工作，如果因为其中一个部门出现问题而导致计划的更改，那么"牵一发而动全身"，这将会影响整体工作的进程。所以计划的制定要慎重，制定计划要讲求科学实际，制定后要有自己的执行原则，保证治水顺利进行。

（3）计划要具有灵活性

计划的灵活性与原则性并不冲突，这里的灵活性指的是根据整个治水协同过程中部门出现的各种问题，针对实际在原有计划的基础上做出适当的调整。在计划的执行过程中，如果部门协同治水的一些相关因素发生了变化，那么计划的执行方向也许与我们的预期会有所出入，为了达成良好的治水效果，在不改变计划大基础的情况下应适当对计划做出调整，联系实际使得计划更加可行。

4.落实协同治理执行制度

为了保障政策能够真正落实，必须使执行主体更好地融入系统环境。各部门对协同过程都负有责任，为了确保政策的有效实施，需要确保执行主体与系统环境更好地匹配。我们不能对实施资源有限、实施能力差的部门视而不见，而是要注重建立健全部门实施制度，确保实施过程中稳定的协同配合。

一方面，计划的推行应以跨部门的资源分配为重点，关注执行能力较弱的部门，以这些部门为对象平衡各部门间的执行能力，以便更有效地应对挑战。另一方面，应制定精准的分步执行计划。水污染治理过程中参与部门众多，部门间资源、专业领域以及能力各不相同，容易在协同计划执行过程中治理步调不一致，从而导致治理效率低下。因此，要掌握不同部门的等级，按照等级详细安排部门所需的人力、物力和财力，避免人员和机构混乱。再根据计划执行前、中、后期制定操作手册，提出统筹建议并规定不同阶段应完成的治理任务，执行人员和所需资金要随协同计划执行进程进行调整，逐步完成整体任务。

5.明确多部门参与的激励制度

水污染跨部门协同治理的激励制度不完善，考核指标模糊，对有功之臣的奖励不落实，对犯错误的人惩罚不清楚，导致协同治理中监督问责形式化，降低部门协同治理的积极性和主动性，致使部门协同多趋近于纵向的以行政权威为主导的协同，横向协同逐渐被弱化。建立和完善科学的多部门参与的激励制度，能够及时纠正协同治理中出现的偏差，确保跨部门协同方向正确，提高协同积极性与主动性，促使治水合作过程顺畅。

（1）优化利益分配

虽然政府的总体目标是追求公共利益的最大化，实现生态环境改善，但有关部门在参与某项工作时难免会比较产出与投入，甚至会将自己部门获得的利益与其他部门获得的利益进行比较，这些都将左右部门的协同意愿和动力。具有相互依赖和充分兼容的利益分配有助于持续激发协同动力。优化部门的利益分配，并不是简单的"不患寡而患不均"的平分利益，而是平衡不同部门在不同职责范围内应当获取多少利益，原则是综合、全面地衡量利益分配规则制定和应用可能带来的利益波动及变动，以做到对任何一个部门的利益都不造成过分的损害，即做到"将绝大多数人的利益最大化"。在平衡权力和利益机制的过程中，错综复杂的各种利益和资源被平衡，其中也包括各部门背后的复杂关系。此外，畅通利益诉求表达渠道，尽量保证公平合理也是重要举措。以利益补偿制度为例，完善以生态补偿为导向的横向转移支付制度，在转移支付金额的测算上，应以各地区间的生态环境与水污染指标因素为主要测算指标。

（2）完善考核评估制度

充分发挥考核评估的"指挥棒"作用，除了关注整体性目标是否完成，还应将各个部门是否主动认领协同治理任务、是否依照相关规章要求履行协同职责、是否主动提供资源共享等内容纳入考核。当考核指标体系强调跨部门治理的"协同"特征时，所有参与治理的部门不仅应关注本部门目标是否实现，还应致力于如何更好地发挥自身在协同治理中的角色，以提升跨部门协同治理效果。现有考核评估主要依靠部门互评和议事协调机构的评估，在年度考核时，出于体制内的"人情"心理，可能存在考核打分结果不能正确反映部门的实际协同绩效的问题。因此，可以通过引入第三方评价，进一步增强考核的精准度。第三方可以是市民公众，也可以是专家学者，可以通过民意调查、购买第三方机构服务等方式，为加强协同效果评估创造不可干预的外部压力，推动水污染跨部门协同治理效果的提升。此外，水污染协同治理还应与实际相结合，由多部门成员组成的监督小组制定能够反映治水成效的详细的考核指标体系。

6. 推进信息关联共享制度

近年来，我国大力发展电子政务，在理论和实践上都加强了对政府网络技术的资源投入，办事效率得到大幅度提升。因此，应当把信息技术的发展成果应用到水污染治理中，加强信息化建设和信息关联共享，拓宽我国水污染跨部门协同治理的有效途径。

（1）构建治水跨部门信息共享平台

信息的关联共享需要载体，而能最有效、最及时地将多方面信息进行分享的平台就是网络信息共享平台。由治水牵头部门建立专门针对水污染治理的用于公布跨部门协同所需注意事项、专业知识、协同部门信息、治水进程以及监督反馈等内容的跨部门协同网站，将治水所需的部门以技术类别或负责范围进行分类并展示，打破了信息垄断的现状，为跨部门协同成员提供可以掌握协同进程的平台。

（2）面向治水部门设置专属线上对话选项

不同合作部门的成员可以在选项内即时、自由对话，对话内容也对所有治水部门开放，可以减少前线治水成员与后勤保障成员沟通情况差的现象，促进成员之间的有效沟通。在目前的社会形态中，治理成员与被治理对象之间往往形成了一种对立的关系，许多信息可能在水域范围内尽人皆知，但是治理部门却一点信息也没有掌握，只有加强治理与被治理部门人员之间的沟通，才能梳理出不同地区的水污染情况，获得更多有效的信息。

（3）赋予不同部门临时查阅的权力

治水必然涉及多部门协同。在政府各部门网站专栏建立部门介绍和信息资源分析的专栏，按规定和行文标准将本部门基本概况、业务范围、资源掌握情况、办事流程以及协同治水中分担的责任等予以公示，并允许其他治水部门查阅，最大限度地保证资源共享，可以加强不同部门之间关联的黏合度，从总体上推进协同的互联互通。

（4）拟定统一的信息关联共享标准

建立统一的信息关联共享标准是协同信息化能够真正实现的核心。标准样态的信息资源能够在收集、分类、加工、处理和反馈一系列流程中井然有序地传递给每个部门，有效防止信息失真，实现真正的信息流通。因此，应该在种类繁多的信息分享部门中设定统一的信息关联共享标准规范体系，选用国家统一标准，在治水领域按照统一的规范标准进行信息传递，发挥信息资源的最大效益。

7.强化协同治理监督制度

水污染跨部门协同治理涉及的部门组织非常多，人员也涉及各行各业且数量庞大，针对复杂的协同治理模式，为防止出现"搭便车""灯下黑"和以权谋私等问题，需要强化监督制度，进而为水污染协同治理保驾护航。

（1）成立监督小组，明确监督主客体

将跨域政府和涉水部门组织全部纳入监督主体，共同考核。成立单独的联合监督小组，组织成员由非重要治水职位的部门成员担任，避免与治水部门关键人员重叠，出现"自己人"管理"自己人"、讲人情、得过且过等现象。将协同治理主体组合、协同过程、协同调整程序和协同结果作为监督客体，对其是否合理使用权力、是否尽到职责、是否达成共同目标利益诉求等进行评估，将监督落到实处。

（2）明确协同治理监督标准

"没有规矩不成方圆"，监督过程的进行需要依据一定的监督标准，要在监督标准的规范下对主客体行为是否合格进行评测。这里的监督不仅包括对部门组织内部行政行为的监督，也包括对协同治理水污染成效的监督。水污染协同治理的最终目标是治水成功，所有的协同行为都围绕治水展开，所以对于协同结果的监督也是对治水结果的评测。拟定水环境生态监督标准也对协同治理行为真正发挥作用具有重要影响。

（3）强化组织内部监督，增强权力和制度的执行力

没有监督的权利必然滋生腐败，目前，部门组织内部还存在精准度不够、监督范围不广泛、监督方法不适应等问题，必须要采取有效的监督措施弥补缺口。"打铁还需自身硬"，协同部门和组织内部要做到自查自纠，定期进行内部"体检"，尤其要抓住主要治水部门，对财政和其他重要资源部门的监督要从严。

（4）针对顽固、行为失范的部门采取强制性措施

对于某些冥顽不灵、行为失范的部门要采取强制性措施，以国家强制力保障实施。针对不同的治水部门，监督小组要采用不同的监督策略，针对信息透明度不够或信用评价一般的部门，应采用评分制逐一打分，按照分数由低到高，采取相应的强制性或非强制性措施，同时注意不同监管措施的综合运用。

（5）完善水污染协同治理的事后监督

水域环境得到有效治理后，治理主管部门仍需对水环境问题后续发展保持密切关注，并及时将环境评估结果反馈到公众平台上。如果治理后环境保持良好，治理单位可以将事后保持状况及经验总结进行公示；如果治理后环境保持不良，治理单位也应向监督小组进行反馈寻求解决办法，解决后再对环境保持不力的部门进行惩处，并将问题出现的原因、治理过程和反思总结进行公示。

（三）推进协同治理规范化建设

规范化要求协同组织要健全、部门职责分工要规范，应当从以下两个方面推动协同治理规范化建设，提高协同效能。

1.健全协同组织建设

健全的组织首先要把组织架构搭建起来，然后充实人员队伍，制定运行规则，吸纳资金保障组织运行。因此，首先要出台相关文件，要求各个市、县（区）尽快组建生态环境委，定编定岗，通过招考或遴选专业政府工作人员，优化人员结构，定期开展岗位业务培训，提高专业化水平。其次，根据市生态环境委制定的运行规则，设立专门经费予以保障。在经费来源上，除常规的财政转移支付，还可以尝试发行水污染治理类专项债、环保项目资产证券化等市场手段来加大财政环保投入。

2.规范部门职能分工

进一步深化"放管服"改革，明确各级、各部门的主要职责，减少职责重复的可能性。对一些职能交叉严重的工作，进行更为精细的管理，探索平衡过程性和目的性的部门划分原则，以环境治理需要和群众需求为导向进行政府部门职责重构。在遵守规章制度的基础上，加强对部门之间基于信任和合作的行为模式的培育。这是从较为宏观层面的职能分工，在具体的水污染协同治理的行动中，可以通过制定合作协议细化分工。

（四）健全跨部门协同治理机制

水污染事件不是短时间、无缘无故就会发生的，必然有某些导火索，多种因素共同作用，导致水污染事件的萌芽没有被及时发现或及时掐断，逐渐发展成需要多部门协同治理的大事件。时代发展和大数据的广泛运用给水污染协同治理带来了机遇，推动大数据融入水环境的监测预警，对水污染的预防、治理和恢复具有关键作用。

1.优化联防联控的预防准备机制

治理问题的最佳方案就是及时发现问题。我国境内的每条重要河流和城市内水环境，都应该利用大数据技术对历史水资源数据和实时监测数据进行统计分析，综合研判水环境的发展趋势，预先向相关部门发出警示，最大限度地规避风险，将水污染的苗头扼杀在摇篮里。

（1）完善数据收集机制

健全水数据信息库，加强基层街道、社区、居委会、网络媒体等渠道的信息收集工作，特别是对城市周边及城市地下水质的信息收集，缕清水资源从利用到排放的整条线路，对这条线路密切关注。利用信息技术手段对收集到的信息进行整合、过滤、标准化处理、深入分析和条理性呈现等。

（2）打通应急信息通报机制

加强信息的横向通报，对提升水污染跨部门协同治理成效具有重要作用。一是依托跨部门信息交流平台，加强横向部门之间的信息共享，打通部门间的信息壁垒，完善水务部与环保、市政、生态环境等专业部门的通报机制。二是加强市政和人力资源保障部门与当地政府及民众的沟通联系，借助电话、传真、网络、新媒体等实现应急信息的交流与对接。三是制订备用计划，对于沟通不畅的部门可以通过电话直接沟通。

（3）完善水污染治理部门的联合会议机制

各部门收到预警信息后，应及时按照应急方案联系其他治水部门开展联合会议，针对呈报的水污染信息开会讨论并制定方案。对于不能参会的单位可以采用线上会议的方式，并将会议讨论结果整理成文，以公文通报和专项通报等方式传递给各部门。

2. 深化联动联治的决策处置机制

水污染事件发生后，如出现河流水华，急需完善的治理措施及时止损，当地生态环境保护部门应在第一时间启动应急处置预案，整合各部门第一时间投入水污染事件的治理工作中。供水检测中心应及时到现场评估水污染程度，公安部门疏散河流周围围观群众，交通部门及时疏散防止交通堵塞，水务部门进行初期的生态处置行动，控制事态的进一步扩散。

在互联网大数据时代，随着融媒体的出现，水污染事件的初期处理还应包含公众监督，避免相关职能部门没有反馈以及营销号的恶意传播各种信息，引发社会舆论持续发酵，掩盖事实真相，造成后续网络舆情的处理非常棘手，公众因第一印象难以转变对政府部门的评价。网络警察要在水污染事件爆发时密切关注网络媒体发言，正确引导舆论走向。在治水实践中，应及时整合应急队伍、信息、财政、技术、人力、装备等资源，实现多部门统一指挥，协同处置。

3. 规范共通共融的恢复重建机制

对于水污染协同治理恢复重建，主要以各部门共通共融为基础，通过技术手段跟踪和反馈水资源恢复重建的各项指标，强化水污染事件发生后的多部门协同治理并提供精细化维护，争取在短时间内恢复到基础建设、社会秩序和生态环境的正常状态。

（1）继续保持对水污染区域的检测和数据反馈

治理后部门协同组织解散，但是环保局的水质量检测小组不能解散，要时刻对区域内的水环境进行质量检测和评估，在相关网站公布水质量的动态检测数据，保证水环境保持在良好范围内。同时，司法部门评估在水污染事件中受到损失的资源与财产，财政局根据损失程度分层次拨款支援污染区重建。人力资源部利用大数据评估各部门在跨部门协同中的治理绩效，根据绩效完成情况进行奖惩。

（2）构建水污染治理后的社会安抚机制

首先，对受水污染事件影响的原住居民，如由于水污染治理中的"退湖还田""退耕还林"等生态治理措施而返贫的原住居民，人力资源保障部门要落实对他们的安置工作，对原住居民的经济损失按比例赔偿。其次，也要关注受灾居民的心理健康，开通心理咨询热线，接听灾民电话，解答灾民对于失业保障和财产损失赔偿等方面的问题，增强灾民的心理承受能力和接受能力。向受水污染事件影响基层居民，普及生态环境保护的基础知识，教导其学会垃圾分类、污水定点排放等力所能及的保护环境的行动。对于居民生理、心理和行为状况的信息进行分析处理，找出可能因水返贫的居民，协调最佳的行为健康治疗方案，提供个人心理康复服务。

4.健全法律保障机制

法律的保障作用体现在法律的利益平衡、保障公正功能上，有助于实现长效稳定协同。因此，要建立完善的法治规则体系，使跨部门协同的治理实践有法可依、权责清晰。通过完善跨部门协同的组织法规依据、程序法规依据，将跨部门协同治理纳入法律控制的框架之下。

各地可在借鉴其他地区、其他协同领域的相关法律法规的基础上，结合本地区的实际情况，研究制定相应的地方性法规或条例，进一步明确水污染跨部门协同治理主体的产生方式、权力结构、部门权力范围、权力运用方式等内容，提高部门的职权边界意识，增强跨部门协同治理的法律保障。增强部门协同的合法性、规范性、高效性，并积极推动生态环境保护综合行政执法改革，在增强法治建设的同时，提高监管执法效率，从而取得更好的水污染治理效果。

（五）培育践行跨部门协同治理文化

文化作用于社会政治和经济，社会政治和经济对文化具有反作用。文化理念到自觉行动不是一蹴而就的，协同组织需要通过法律等一系列措施保证文化氛围的营造，督促部门自觉形成协同合作的共识，促进协同行为。

1. 弘扬以互惠为基础的信任文化

信任是增进跨部门协作治理的黏合剂和催化剂，是维系相互合作的桥梁。它对于推动部门形成和谐的人际关系、减少协同资源成本、提升组织意愿、实现共同目标有着战略意义。现实生活中最常见的信任类型主要有三种，分别是人际交往过程中的信任、社会活动中信任和政治信任。正如许多业内专家说的那样，长期以来我国都是以人际关系为纽带建立人文信任而非制度信任，造成协同信任呈现出一种不稳定的易碎感。水污染协同治理中的不同部门之间的平等合作，不分阶级和你我，是以互惠为基础的协同。所以，为了更好地实现水污染的跨部门协同治理，我们必须做到全力推进基于平等互利的信任文化发展。

（1）构建人际信任网络，促进部门沟通

在治理过程中通过会议、对话和协商的方式，可以促进部门之间坦诚相待，维系部门间的信任关系。在沟通过程中，可以营造一种轻松的氛围，确保每一位沟通者的意见都能充分表达出来。借助核心部门持续性交流沟通，逐渐构建水污染协同治理信任网络，强化跨部门联系，形成平等交流的信任文化。

（2）树立协同榜样，提高整体队伍文化素养

自己开辟道路总是会遇到困难，但是路上有榜样带领，队伍就会有一个坚定的目标并为之不懈努力，凝固成一个坚不可摧的整体。加强组织内信任文化建设，将协同治理过程中有突出贡献的个人或团体树立为榜样，发挥新媒体的宣传力量，传播协同治理正能量，通过榜样推动干部以身作则，形成精诚合作的信任文化。

（3）完善部门信用体系建设，建立特色组织内信任文化

部门信用体系建设是组织内信任文化建设的重要基础。通过建设部门信用体系，将参与水污染协同治理的部门和员工的信誉和失信问题记录在工作档案中，并融入部门激励和责任制配套的建设过程，对以权谋私、失信于民的行为从严处理，为整个组织构建特色信任文化打下坚实的基础。

2. 大力培育以协同为导向的团队文化

水污染具有复杂性和综合性，对部门合作要求较高。现今，不同水污染治理部门之间，特别是新组建的协同治理团队之间，不可避免地会产生文化冲突，因此，打造一流的跨部门协同治水团队，需要基于公共目标的大方向在团队凝聚力上下功夫。培养团队凝聚力是一项艰巨又繁重的任务，需要不同部门持之以恒的努力。

（1）适当开展团队文化实践活动

参与治水的部门定期开展"水污染治理靠大家"等主题讨论活动，提升不同部门的凝聚力和团队意识；延期开展水污染治理相关知识普及活动；鼓励开展组织内的知识竞赛，营造部门合作的积极氛围。

（2）组织师徒关系，开展对口观摩的活动

通过师傅帮带提升成员成长速度，组织成员定期到水污染治理的一线观摩，学习协同队伍中的合作逻辑，激发部门学员的合作热情，打造一支具有合作精神和合作热情的专业储备队伍。老部门开展线上交流活动，通过经验与资源的共享，维持新团队的生命力和凝聚力，构建牢固的伙伴关系。

三、优化水环境绩效审计举措

基于生态文明建设要求以及现阶段的水环境绩效审计现状，结合相关实践经验，提出优化思路。明确湖泊保护治理各部门职责能提升湖泊管理效率，审计主体多元化和提升审计人员素质可以更顺利开展审计工作，二者都能提升审计效率；建立健全生态文明建设背景下水环境绩效审计法律法规能更好地促进审计工作的开展；注重社会公众关注的事项可使水环境绩效审计评价指标的构建更加完善，同时也能体现出生态文明建设理念；拓展与创新水环境绩效审计技术方法则有利于节约审计资源和提升审计效率。

（一）明确湖泊保护治理各部门职责

由于湖泊保护治理涉及众多部门，机构职能间存在交叉、划分不明确的情况，不仅增加管理成本，还会影响水环境保护治理的效率和效果。因此为提升审计效率、降低管理成本、加强各部门间的沟通、增强生态文明建设背景下水环境保护治理的有效性，应当明确各部门间的职责，加强部门间的沟通以及协调，对于存在职责移交的应当全部移交，并将情况告知审计人员，便于审计人员顺利进行审计工作。为保护水环境和实现生态文明美好愿景，湖泊流域横跨多个省市的，建议成立或重组湖泊管理局，这样湖泊保护治理就有具体的政策及项目落实机构，便能改善各地区因管理制度不同导致的各自为政和相互制约情况；还有助于保护和治理湖泊水环境、提升审计效率以及社会公众幸福感。

（二）审计主体多元化及提升审计人员素质

生态文明建设背景下水环境绩效审计内容多且涉及的学科较多、综合性较强，而审计人员审计时间不充分，并且完成当前审计工作后立马就进入到下一项审计工作中，审计时间短、任务繁重导致不能及时出具和公告水环境绩效审计报告。因此，审计主体多元化和提升审计人员专业素养是解决上述问题的方法。

生态文明建设背景下的水环境绩效审计应由政府审计、社会审计和内部审计共同参与。按照新修订的《审计法》第十三条的要求，在实际的水环境绩效审计工作中，审计组应当确保聘请的专家熟知湖泊情况、具有专业技能、知识和经验。此举不仅提升了审计效率，也保证了审计工作的独立性。除了审计主体多元化外，还应注重培养审计人员的专业素质，要求他们掌握环境工程、水文、地理信息等基础知识，还应当学习计算机知识，能够采用大数据帮助获取审计证据。由于政府审计部门存在人员调动，因而需要所有人都需提升专业素养，防调走或去其他地区挂职的人员走后无人胜任相应的审计工作板块。对新入职的审计人员予以培训，使其能快速熟悉审计工作。除了专业知识的学习，还可以组织审计人员去交流学习。同时组织审计人员学习生态文明建设的思想，形成知识体系，并应用于实际审计工作当中。在生态文明建设背景下，各高校也应当培养水环境绩效审计人才，同时审计部门可以提供实习机会，让高校学生参与实践，在实践中学习，将理论转化经验。

（三）注重社会公众关注事项

《生态文明建设目标评价考核办法》中指出要突出反映社会公众获得感指标的权重；还指出要对各地公众满意程度等方面进行评估。因而，社会公众关注的问题也应当成为水环境绩效审计重点关注的内容，如饮用水安全问题。注重社会公众关注的事项能够使得水环境绩效审计评价指标体系的构建更全面，同时也能体现出生态文明建设的思想。

要确保公开审计结果。社会公众可以利用监督权督促相关部门就审计指出的问题进行整改，以提升问题的整治效率。但是审计结果的公布需要注意时效性，要保证审计高质量与时效性的平衡。一般而言，审计报告结果公布于人民政府官方网站，其他媒体平台很少对此报道。所以为满足不同民众的需要，可以将审计报告适当地在微信公众号及签约的媒体平台上公布。

（四）建立健全水环境绩效审计法律法规

一般而言，水环境绩效审计是根据《中华人民共和国审计法》（后简称《审计法》）第二十六条以及《国务院关于加强审计工作的意见》（国发〔2014〕48号）中的有关规定开展的审计工作。地方政府出台的水环境保护治理地方性法规一般是根据《中华人民共和国水法》《中华人民共和国水土保持法》《中华人民共和国水污染防治法》《中华人民共和国环境保护法》等进行制定。总体而言较为宏观，并且其中的一些法律出现了"头痛医头，脚痛医脚"的现象，具有明显的要素立法、部门立法、分散立法特征，不仅缺乏针对性和有效性，而且造成了"九龙治水"、推诿打架的局面。目前我国环境审计法律制度不完善，没有相关环境审计的具体准则规范，新修订的《审计法》中也没有明确的水环境绩效审计内容。因此，需要构建一套综合的水环境管理法律体系，弥补这方面的法律不足；还需要制定包括水环境、土地、大气等在内的绩效审计准则和指南。由于审计主体不同，其职业准则和指南的制定和颁布机构也不同，因此应当分别制定适用于各审计主体的职业准则和审计指南，且要突出环境绩效审计的特点。

（五）构建水环境绩效审计评价指标体系

生态文明建设的背景下水环境绩效审计评价指标体系的构建尤为重要。指标是湖泊保护治理规划和生态文明建设中与水相关的要求。一般而言，湖泊保护规划的具体实施项目基本都能和生态文明建设的要求相符，应当将湖泊保护治理规划中涉及的指标全部列入。对于两者不重合的情况，指标缺少的原因可能是该地区湖泊保护治理早已经达到相关要求，针对此类情况应剔除相应的指标；也可能是没有遵循生态文明建设的相关要求，对于此类指标应当将其列为水环境绩效审计的评价指标。构建出的指标既要符合生态文明建设，也要贴合湖泊保护治理的实际情况。因此，水环境绩效审计评价指标体系的构建需要具备灵活性，同时还需要听取专家的意见，增减水环境绩效审计评价指标，并将其用于实践环节，在实践中对指标进行修改和完善。

（六）拓展与创新水环境绩效审计技术方法

传统收集审计证据的方法也适用于生态文明建设背景下的水环境绩效审计，但在具体应用时应当根据水环境绩效审计的特点进行改进。如重新执行方法，审计人员在获取水质数据时，不能仅仅依靠生态环境局提供的水质数据，应由审计人员现场取样并提交给第三方进行检测，以确认水质数据的真实性。

具体来讲，应建立规范的水环境检测网络信息平台，该平台综合利用物联网、卫星遥感等技术，提高生态环境监管信息水平。审计人员可利用卫星遥感技术，动态获取水面、植被、建筑、矿山、非法排污口等情况。该技术可以对近几年的卫星遥感影像进行分析，查看流域内有无新增的入（河）湖违规设置的排污口，流域保护区内有无新增违法建筑，以往的违法建筑拆除情况；可扩大审计覆盖面，也帮助审计人员获取证据，提高审计效率。

第二节 水环境质量监测与评价

一、水环境质量监测策略

（一）设计恰当的水环境监测系统

水环境监测系统应在一定的硬件设备的基础上进行设计，需要使用专用设备进行水源标本采集，其中硬件部分应包括：抽水泵、存水器、过滤器、分析仪、服务器、大数据展示平台及其他辅助配件。具体步骤为，采集水源标本，经过专用设备进行检测与分析，再将数据利用 GPRS 远程技术上传至监测平台服务器，水环境监测系统从服务器上调用水环境监测数据，进行数据处理并展示给终端用户。

1. 推进数据采集功能设计

河流湖泊的位置一般低于存水器的位置，因此取水需要使用抽水泵往上抽水，以存水器为中转站，过滤器主要用于过滤掉颗粒较大的杂质，避免堵塞分析仪管道。分析仪里包含了 pH 值传感器、浊度传感器、热敏传感器、光敏传感器等监测终端，用于测试 pH 值、浑浊度、温度、透光度等。同时分析仪配置有化学试剂，水质标本与化学试剂会发生不同程度的化学反应，化学反应作用于传感器，传感器将感受到的信息按一定规律变换成为电信号或其他形式的信息输出并由 GPRS 远程技术上传数据至服务器进行存储。分析仪主要是利用信息技术手段自动实时监测，通过传感器监测装置实时感知水质变化，变化数据上传至服务器，通过水环境监测系统展示出来。

水环境的数据采集是系统最基础的工作之一，在实践中，可以依托水环境检测大数据开放实训基地，选择经济、实用、高效的数据采集设备。测站内的传感器被放置于水中，持续发出监测指标的信号，采集终端的任务就是将这些信号转化后储存起来，通过相关接口传输到服务器。

GPRS 是一种新的移动数据通信业务，在移动用户和数据网络之间提供一种连接，给移动用户提供高速无线 IP 或 X.25 服务。GPRS 采用分组交换技术，每个用户可同时占用多个无线信道，同一无线信道又可以由多个用户共享，资源被有效地利用。使用 GPRS 技术实现数据分组发送和接收，用户永远在线且按流量计费，极大地降低了服务成本。在设计过程中，采集终端可以采用蓝迪通信科技有限公司自主研发的 LDG6010 通用嵌入式 GPRSOEM，有助于在无人值守的情况下进行远程监控。

为了确保数据的真实性和可靠性，所采用的设备均需经过可靠性认证，符合中国强制认证（CCC）标准，使用寿命和维护都有一定保障。依托水环境大数据开放实训基地，使水环境监测系统的使用具有可持续性、社会性。综上，应以水环境监测系统的设计与实现为重点任务，完成数据采集、数据分析与展示、即时短信预警的功能设计。

2. 推进系统总体功能模块设计

系统总体功能模块设计是系统设计中的关键一环，起到提纲挈领的作用，具有指导性意义，所有的功能模块要根据需求分析尽可能考虑全面，避免遗漏或冗杂。

在设计水环境监测系统时需要设计以下模块，针对系统基础信息管理需求应设计的模块有：信息管理、系统管理；根据水环境监测需求应设计的模块有：远程管理、远程控制、数据管理、图表查询、报表查询；根据水环境异常预警需求应设计的模块有：仪表管理、综合应用、短信应用；系统的非功能体现在系统帮助功能模块。

信息管理：单位管理由设计单位初始设计与设定，水环境监测系统是可迁移的，如果使用单位发生变更时可以通过后台赋予权限进行修改；设备管理是指对水环境监测的设备进行管理，通过此功能可以查看设备是否在线、设备的驱动、参数、供电方式等。

系统管理：管理员可以通过用户管理查找、增加、删除、修改管理员和用户的信息。系统身份包含两种，即超级管理员和普通用户。系统设定应包含：技术支持、系统域名、下发地址、短信方案、安全级别、摄像图片存储目录命名规则、数据（日志）保存月数、实时数据上报时间与系统时间最大差值、数据表格字体设置、重启 TCP 服务器间隔时长、根据上报自动修复测站地址、用户驱动等。

远程管理：可查找测站、查看发送接收数据记录、检查测站是否在线、测站的驱动、卡号和地址，并向测站发送指令。直通控制还可以实时向测站发送十六进制信息或文本信息。

远程控制：对远程管理的补充。远程控制设备的使用，可同时进行高锰酸盐、氨氮、总磷、总氮、铁、铅、锰、采配水等所有操作，也可以根据实际需要启动

79

其中一项或几项或关闭其他监测项目。

数据管理：数据管理是系统中重要的功能结构。其中实时综合包含所有设备的实时数据；实时数据单项可显示当前查询日期里测站反馈的参数值；历史数据是查询当前时间以前的数据；报警查询可查询异常数据警报原因、时间、所属测站；摄像图像查询可查询某一时间段内测站收到的图片及时间；设备上线记录，记录水环境监测系统中硬件上下线时间及上线操作内容；充值记录，在系统实施过程中如果需要产生成本费用时选此项。

图表查询：这是数据可视化展示的一个重要的功能模块，主要是将相关数据直观地展示给管理人员和普通用户。通过对高锰酸钾指数、氨氮等水环境参数在某一时间段内的变化曲线进行仔细地观察，工作人员可以总结出相关的变化原因及其规律。具体来讲，主要曲线包括单站时段各数据曲线、测站数据时段曲线、数据差值曲线、管线管损时段曲线。

报表查询：这是数据可视化展示的另一个重要的功能模块，具有直观易懂的特点。根据设计的相关需求，在平时的使用过程中会生成各种报表，其中包括实时数据报表、历史报表、报警信息报表、测站日报表、测站月报表、测站日统计表、测站月统计表、时间占对比报表、时间段差值报表、月用水量报表、日汇总报表、月汇总报表、管线管损报表。

仪表管理：主要是对水环境监测系统的硬件进行管理。查询设备厂商可以对异常设备进行处理，设备驱动可显示驱动名称、地址位数、是否启动摄像、仪表归类等；知晓设备参数有助于在设计过程中提高系统的兼容性；上下限管理用于驱动配置、是否启用上下限、数据类型设置。

综合应用：主要为了根据不同场合的需要设置不同的地图。

短信应用：这是非常重要的人机交互功能，可以通过短信向用户即时发送最新的监测情况。短信用户管理是指，只有在系统登记备案的用户才会收到短信；短信报警管理是当出现异常时向管理员或用户发送的信息，包含报警名称、报警条件、有效时间段、处理采用方式、短信发送方式、短信报警等内容；短信日志管理记录某一时间段内系统发出的短信相关信息。

系统帮助：可以选择系统的主题类型，如通用主题、水资源主题、左侧菜单主题。网站手册可提供一些对于系统的程序安装、使用和常见问题、系统维护功能介绍。

水环境监测系统的设计与实现以终端用户为导向，只有通过系统对水质数据进行实时查看，才能发挥其最大的价值。系统可以查询测站的分布，调取测站的数据，统计各水质参数的变化情况，以表格、图形的形式展现给终端用户。水质评价、预测及超标预警功能，是指在系统中设置相应标准，用户登录水环境监测系统可以查看水质的好坏优劣，并可根据季节、气候、天气进行相关的预测。当水质参数由于各种原因发生异常时，可第一时间发出预警信号，提醒人们对突发水环境污染进行及时管控，避免蔓延造成更大危害。还有后台管理功能，水环境系统后台管理的主要功能有用户分配、角色管理、权限设置等。根据系统设计需求，每个大的功能模块包含相应子功能，不同用户对功能的需求不一样。

3. 推进系统预警功能设计

随着水环境监测系统复杂性的逐步提升，设计系统的过程中更要考虑其延展性，详细设计时必须充分考虑系统的可扩充性和兼容性。系统的详细设计应以需求为导向，主要有数据管理功能、图表查询功能、预警管理功能、数据分析功能、系统服务功能等。这里以水环境监测系统的短信应用预警管理功能为例，介绍系统的详细设计。

通过数据管理功能模块可以查看实时数据的走势分析、历史数据、历史报警信息等，系统通过数据提取、拟合取样及图表展示等功能，可以方便快捷地提取水质数据，提取到水质数据之后，按测站、时间范围进行数据整合。根据数据分析顺序图，用户访问系统时，系统根据用户输入的参数调用业务逻辑层获取数据，而业务逻辑层根据数据访问层提供实时数据，从而将数据返回给界面，调用制图方法展示分析结果。

水环境监测系统的预警功能首先要建立在对数据进行充分把握的基础上，再实现预警的功能。在水环境监测系统中，应包含多种水质参数，每种参数的数据阈值不同，要生成预警信息，需要系统智能区分数据区间。每个水环境参数就是一个特征，所有的参数组合在一起就是一个特征集：{高锰酸盐、氨氮、总磷、总氮、铁、铅、锰、溶解氧、电导率、浊度、pH 值、温度、叶绿素}。以 pH 值为例，一般设定 pH 值的正常范围是 6.5～8.5，小于 6.5 或大于 8.5 的 pH 值就是异常数据，只有异常信息才会触发预警系统，再根据是否匹配到邮件地址或短信接收号码进行预警信息的设置与发送。例如，当检测到水质 pH 值为 5 时，发送预警信息，根据查询到的手机号和邮件地址发送短信预警或邮件预警，若为空值则无法预警导致预警异常。其他的特征值如电导率、溶解氧等的预警功能，以此类推。

水环境监测系统的重要功能之一就是预警管理，当水环境中的实时数据出现异常时，只有及时预警、及时提醒用户关注，才可以快速掌握水环境的动态并做出应对措施。对于水环境监测系统而言，在设计预警功能时，主要应考虑短信预警、预警内容和预警接收人。

根据预警的处理流程，只有当系统采集到异常数据时才会触发水环境预警管理功能，异常数据是预警数据的基础，水环境监测系统通过预警管理服务形成预警信息，为短信预警服务及 web service 等预警手段提供信息支持。系统正常运行的情况下，预警处理处于开启状态，在对数据进行实时监听的过程中，对实时数据进行预警策略分析，根据预警接收控制策略，当监听到异常数据时，启动预警服务，生成预警信息。

预警信息生成之后，根据预警信息参数配置确定是否发送，若未发送，则采用短信格式封装预警信息。预警监听随时待命，发现预警接收人后，调用三方短信平台进行短信预警，接收预警短信后停止服务，否则继续回到预警监听，发送新的预警信息。

短信预警是在短信监听功能单元的协作下完成的，短信预警监听服务可以实时监测系统中的预警信息是否存在。一旦异常数据出现并生成预警信息，立即调用短信格式封装处理，按照短信网关要求生成短信信息。短信数据有相应的格式要求，短信信息存在触发短信处理，短信调用格式化处理的方法生成短信预警信息，进而调动短信预警业务处理层，执行短信预警信息添加操作，再通过短信信息持久层的 Add 方法将短信预警信息写入数据库中，最后业务处理调用第三方数据平台进行短信发送。

预警信息服务提供站内预警服务及站外接口服务，站内预警服务为系统使用人员提供实时预警功能，站外接口服务具有提供水质数据预警分享的功能。

系统随时开启监听服务，对预警信息进行站内预警格式处理。系统根据站内预警，将预警信息发送给用户。若需要外接其他系统，实现系统之间的信息传递，需要启动验证控制服务，访问验证通过后获得访问令牌，再通过连接接口进行访问。可启动站外预警，将已经封装好的预警信息通过分享接口分享给其他系统。

（二）优化水环境在线监测应用管理

1. 完善和深化现有的水环境监测管理体系

完善的技术管理体系和制定相关的法律法规是水环境在线监测技术广泛应用和推广的重要保障。基于此，在监测过程中，要明确相关政府部门的职能，对环境监测部门从市级到基层，自上而下进行垂直统一管理，再由上级环境监测部门根据不同地域的水环境状况统一监测指标。相对来说，城市水环境的监测指标已经趋于统一，此举措主要是针对农村地区。把对农村地区不同水体如生活用水、养殖用水、景观用水等监测的指标规范化、统一化，然后再设立相关的监管制度，如定期巡查、定期汇报水质监测数据等制度，规定下级环境监测部门要在不同的水文时期如丰水期、蓄水期等，定期向上级监测部门提供监测数据和水质监测报告。这样就可以及时有效地甄别不同水文时期、不同水体的水环境污染因素，从而为环境监测部门对不同地区以及不同时期的水坏境治理提供数据基础和依据，有效地解决水环境污染问题，提高环境监测部门应对处理突发污染事件的能力。在此基础上还可以发展工程监理、信息监理等监理模式，引入第三方监督机构，其主要职责就是对所有的环境监测部门进行监督和管理，明确各监测部门和机构的职责，疏通各部门之间的联系管道，加强各部门之间的合作，做到权责分明，杜绝人为因素和其他因素对水环境监测的影响。这样有助于政府部门精简机构和人员，再将节省下来的人力、物力拨给地方政府和监测部门，做到取之于民用之于民。

与此同时，应结合水环境监测的相关需求，科学应用水环境在线监测技术，对监测中需要的仪器和设备定期检查和维护，提高设备的精准度，避免数据出现误差的现象。一旦污染状况出现，就需要相关的监管机构通过无线监测系统对数据展开仔细排查，同时根据污染现场的实际调查结果进行对比，高效地对污染原因进行定位，并且就水环境污染的解决方案提出建议。同时，组织专业的新闻发布部门，整合各个机构之间的污染调查信息，及时对外界进行污染状况通报，尤其是生活用水受到污染时，一定要及时发出预警，以免对人们的生命财产安全造成危害。应急后勤保障部门也需要制定面对水污染的应急对策，确保在水污染出现的情况下，为水污染处置工作的展开提供交通、通讯、医疗、安全保障等资源，保障在水污染造成了一定危害的情况下调查和善后行动的高效完成。

2. 提高水环境在线监测技术应用水平

相关科学研究人员要利用现有的通信技术、传感器技术、数据存储等先进科学信息技术不断提高水环境在线监测技术的水平，充分将现代技术与水环境监测结合起来，促进监测流程更为高效、简单和灵活，同时开发具有低成本、稳定性高以及便捷性强的成套监测设备。

此外，还需要针对地区水环境的特色开展水质历史数据库的构建。与城市区域相比，村镇的地表水环境状况较为简单，这能方便相关人员就这一领域的潜在污染源展开调研，并且掌握各种污染源会造成的突发性事件、事故发生的大致位置、具体的污染量等。回溯之前那些突发性污染事件和当时选用的应对方案，把这些信息进行备案，可以在之后发生同性质的状况时拿来参考。因为我国水环境在线监测技术起步的时间比一些拥有悠久技术传统的国家要晚很多，所以我国在这一领域确实存在先天发育不足的困境。基于这点考虑，我们应当学习其他国家先进的经验，同时购买其先进的设备，以此来弥合由于技术缺陷导致的问题，逐步和发达国家接轨。在这一过程当中需要注意结合自身的实际状况而不是盲目照搬。

3. 加大对水环境监测技术的资金投入与政策扶持

水环境监测与我国生态环境的治理有着密不可分的联系，是有效处理各类水环境污染问题的重要手段，也是人民群众能安全用水的前提和保障。政府部门应该适当加大财政拨款力度，用于配置各类新型先进的仪器设备和信息化技术的研发。鼓励和引导相关部门机构或者公司加大对水环境在线监测技术的资金投入，在水环境在线监测技术上不断推陈出新，为不同的地区量身打造与之相适应的监测方案和监测设备，保证监测工作的有序开展和顺利进行。

针对部分地区水体环境复杂、人员居住区域分散、交通不便等问题，可以申请让上级部门的财政拨款直接在相关地区组建水环境监测的实验室，这样就可以直接对水环境的污染因素就地进行分析，甄别污染类别和制定治污方法，对没有能力治理的污染问题和未知的污染问题也能第一时间向上级部门报告，请求支援和帮助，提高基层环境监测部门对水环境污染的快速响应能力，从而做到从源头上治理。

基层政府还可以利用微博、抖音等自媒体拍摄一些关于水环境污染所带来的危害的短视频，在人员居住比较密集的地方设立一些显著的标示牌和宣传标语，如保护水环境，人人有责等。地方电视台也要定期播放一些关于水环境污染和治理的专题报道，加大宣传力度，提高公民对水环境的保护意识，这样能在很大程度上缓解相关环境部门对水环境污染问题治理的压力。

4. 强化水环境监测的人才队伍

监测人员是水环境监测技术实施过程中的首要执行者，直接作用于测量质量。按照该系统规定的工作内容对分工进行进一步细化，可以使相关工作人员各司其职，确保每一项工作得到落实，具体来讲，应当涵盖的岗位如表 5-1 所示。处于这些岗位上的相关人员应当有足够的专业知识和实际操作经验，可以对他们进行培训并就其能力开展考核工作。

表 5-1　岗位职责

岗位名称	职责
运行维护管理	设置符合 GB/T19001 标准的运行维护质量体系，保障具体实施以及维护
产品设备管理	相关设备的申报采购、出入库管理、盘库等
数据信息记录	信息化管理系统的日常运行和数据监控，备案信息变更、异常信息填报、工单任务处理、数据审核确认等
现场运行维护	水环境在线监测系统现场的巡检、故障维修、校准校验、记录填写等

现场运行维护的工作人员数量必须和监测点位的数量相匹配。具体来说，每两个监测点位至少应当配备一名负责人。在配备管理人才队伍时，应大力引进高新技术人才，国家和政府部门可以制定类似于西部计划、三扶一支等政策计划，鼓励和引导相关人才到农村地区服务。设立相关招募组织和部门，确立招募原则和条件，这样就可以在提供优惠政策的同时也对人才进行筛选。相关环境部门也应对即将上岗的监测人员进行全方面考核，对考核不达标者可以采取淘汰的方式，对已经在岗的监测人员定期进行监测技术的培训。这样可以从根本上提高监测人员的监测水平和综合能力，能够打造一支工作能力强、专业素养高的水环境监测团队，形成计划制定—组织部门招募—人选确定—培训上岗的闭环管理模式。

（三）加紧水环境质量监测网络的全覆盖建设

坚持丰富政府监管方式体系，为政府监管机构体系提供精准监管手段。一是增加建设水环境质量自动监测站。在现有的水环境质量监测网格的基础上，根据构建现代环境治理体系和建设现代生态环境监测网格的要求，根据相关的污染防治要求，在需要监管的地方增建自动监测站，实现水环境质量监测区域全覆盖。二是加强自动监测站运行保障和监管。建立和完善自动监测站建设及运行保障监管制度，加强环境监测数据质量和自动站运行条件保障监督管理，将水环境质量自动监测站运行保障工作纳入"双随机"执法监管，定期开展巡查和暗查暗访，严厉查处不正常运行在线监测设施和监测数据弄虚作假行为的环境违法行为。同时，生态环境部门应督促指导住建、水利等部门加强自动站保护范围内降尘和施工作业的监督管理，切实履行"一岗双责"职责，发挥扬尘和噪声在线监测系统的作用。

二、水环境质量评价策略探讨

（一）明确村镇水环境评价标准

1.明确常规指标

水质评价指标表示的是会对水质评估产生影响的污染元素的集合。所得结果可信度的大小很多时候往往取决于指标的设置和选择是否符合科学合理原则。具体来说，按照水域级别以及综合状况等可以参照下面这几种指标。

首先是常规的水环境监测指标，这些指标主要用于反馈水环境中的杂质种类和浓度，体现水环境质量的基本状态。这一类参数的评价标准通常是由水资源的实际用途以及当地水环境特征来共同决定的，参数主要涉及常规的化学物质指标、重金属污染参数以及毒理性指标。

其次是特殊水质指标，这一指标必须按照特定的环保要求抑或是既定的目标来确定。假定某个水域内有突发性水污染事故，或者其领域内设置了化工厂等高污染场所，那么在进行指标的选择时就要按照具体状况来定夺。

最后是其他指标，如营养类指标以及微生物指标等。必须综合考虑评价标准、检测水平和具体的污染状况等因素来选择合适的对应指标。

在我国的水环境评价体系之中，已颁发的《地表水环境质量标准》（GB 3838—2002）中明确提及了关于地表水环境质量评价的 109 项指标，其中关于水环境质量标准基本项测试指标一共有 24 个。基于现阶段水环境面临的主要污染源，选取了其中的 18 个指标作为水环境质量评价体系的指标参数。其部分指标的概念如下所示。

（1）温度

水温指的是水环境的温度指标，在我国以摄氏度（℃）作为该指标的单位，是用于表征水环境质量的关键参数。通常来说，水环境的温度会根据周边环境以及水体自身的性质呈现出差异化。水环境的物理、化学特性都会受到温度指标的影响。

（2）pH 值

水环境的 pH 值通常可以体现水体的氢离子的活性，大多数和水溶液的自然现象、化学反应等都会体现在水环境的 pH 值指标上。pH 值所代表的水环境酸碱度亦为水生物生存发展的关键指标，同时也可以帮助人们判断水体中一些酸性、碱性物质的电解状况，甚至可以提供一定的毒理性特性。一般来说，自然界的水环境的 pH 值在 6 到 9 之间。

（3）溶解氧

溶解在水体之中，以分子形式存在的氧元素就是水中的溶解氧，其衡量单位通常用 1 kg 的水之中所含有的氧元素（mg）来表示。该指标可以很好地表征水环境自我净化的能力，因为水中的厌氧生物会降低水体之中无机物进行还原反应的效率，使有机物能够更快地在水体中得到分解，从而保证水生态环境的自我循环。

（4）化学需氧量

化学需氧量（Chemical oxygen demand，COD）指的是在测试的时候需要使用强氧化剂的用量，也就是使用化学反应的手段来丈量水环境之中还原性物质的总量，该指标使用 mg/L 作为单位。该指标用于表达水环境之中还原性物质的含量，而这些物质通常都是有机物，也就是说水环境之中有机物污染和测量到的 COD 值成正比。

（5）生化需氧量

生化需氧量（Biochemical oxygen Deman，BOD）用于表征水环境之中有机物在经受耗氧微生物分解的过程中所需要的氧气总量，该指标同样以 mg/L 作为单位。生化需氧量体现在水环境氧含量充足的情况下，水环境之中微生物能够处理的有机污染物的总量。

（6）氨氮

氨氮（NH_3-N）体现的是水环境之中游离氨（NH_3）和铵离子（NH_4^+）的浓度，其含量的比例很大程度上受到水环境的 pH 值和温度的影响。在水体的 pH 值呈现碱性的时候，NH_3 所占的比重会较大一些，反言之，NH_4^+ 的比重较高。不少水生物非常依赖于水环境之中的氨氮浓度，如不少鱼类就无法在氨氮浓度较高的水体之中生存。通常而言，动物有机质的氮含量会远大于植物之中所含有的有机质。与此同时，动物排泄物之中含有的氮有机物化学性质相当不稳，非常容易产生化学反应生成氨，也就是说，人类的生活废水和养殖业的污水通常会成为水环境中氨氮最大的污染源。也就是说在一般状态下，假若水环境之中的氨氮浓度处于较高的水平，那么通常是因为生活污水或者养殖污水导致的。

（7）总氮

水环境之中的氮元素通常是以氨（NH_3）、铵盐（NH_4^+）、亚硝酸盐（NO_2^-）和硝酸盐（NO_3^-）及有机氮等形式存在的，这些不同状态下的氮化物彼此之间能够进行转换。总氮（TN）是衡量水环境的重要因素之一。水环境之中的氮元素污染来源非常广泛，但绝大部分是来自人类活动产生的废水。水环境之中的含氮物质浓度一旦高于了一定标准，那么会极大地刺激水环境之中微生物和浮游生物的发展壮大，继而大量地使用水中的氧气，挤压其他水中生物的生存空间。

（8）总磷

总磷（TP）和水环境出现富营养化息息相关，这一指标是经由水环境之中磷化合物的浓度统计得出的。水环境之中的含磷化合物通常会经由强氧化性化合物发生化学反应生成磷酸盐，这些磷酸盐可以通过各种形式的溶液、腐殖质颗粒抑或是水生生物进行传播。通常来讲，未受污染的天然水环境之中的磷酸盐浓度水平较低。然而耕地水体、生产制造业排污、生活用水等水污染源头中会含有大量的含磷化合物。磷元素作为动植物成长的关键元素，如若其在水体中的含量过低，将极大地抑制菌类、藻类的生长。一旦磷含量超过一定的限度，那么就极有可能将引发水环境中藻类快速生长，占据其他水生生物的生存空间，这种现象也被称作富营养化，它会让水体的透明度受到严重的影响，而且还会造成其他水生生物的大量死亡。

除开上述的八个常见的水环境质量评价参数之外，粪大肠菌群等水质指标都能从不同的方面来反映水质的状况。

2. 明确水质评价标准

按照《地表水环境质量标准》（GB 3838—2002）里的相关规定，选择了18个监测项目来作为水环境质量评价标准，具体涵盖高锰酸盐指数、化学需氧量、氨氮、总磷、总氮、铜、锌、氟化物、硒、砷、汞、镉、铬、铅、挥发酚、石油类、阴离子表面活性以及硫化物。对一个区域而言，主要水域的作用是供居民饮用水、养殖以及灌溉用水。依照该文件里的相关界定，Ⅲ类与Ⅳ类即适用于集中式生活饮用水源地二级保护区、一般鱼类保护区及游泳区，故而可以将这两种限值当作评价标准，如表5-2所示。

表5-2　Ⅲ类和Ⅳ类水质标准限值　单位：mg/L

序号	分类指标值	Ⅲ类	Ⅳ类
1	高锰酸盐指数≤	6	10
2	化学需氧量（COD）≤	20	30
3	氨氮（NH$_3$-N）≤	1	1.5
4	总磷（以P计）≤	0.2	0.3

序号	分类指标值	Ⅲ类	Ⅳ类
5	总氮（湖、库，以 N 计）≤	1	1.5
6	铜≤	1	1
7	锌≤	1	2
8	氟化物≤	1	1.5
9	硒≤	0.01	0.02
10	砷≤	0.05	0.1
11	汞≤	0.000 1	0.001
12	镉≤	0.005	0.005
13	铬（六价）≤	0.05	0.05
14	铅≤	0.05	0.05
15	挥发酚≤	0.005	0.01
16	石油类≤	0.05	0.5
17	阴离子表面活性≤	0.2	0.3
18	硫化物≤	0.2	0.5

（二）选择合适的水质评价方法

在进行水环境质量评价时，应注意选择合适的水质评价方法。具体来讲，国内外常用的水质评价方法有单因子评价法、模糊综合评价法、内梅罗污染指数法、人工神经网络法等。

单因子评价法：在所有水质指标中，选出某个等级最差的指标，并将其对应的等级类别作为整个水体类别。目前我国地表水监测站在地表水水质评价中所采用的就是单因子评价法。该方法可以直观地反映水质状况和评价标准之间的关系。单因子评价法是一种较为严格的水质评价。因为当有某一项水质指标属于低等级，而其他指标都处于高等级时，就认定该水域水质等级低。这种水质评价会限制它的水域功能，不能综合地反映水质整体情况，也会在很大程度上造成水资源利用不合理的情况。

模糊综合评价法：水质等级的边界属于模糊的状态，人为给定一个绝对的值来划分，这种水质评价方法存在一定的不合理性。不同水质污染因子之间相互影响，也存在着一种模糊的关系。常用模糊综合评价法来对此类问题进行评估，基本步骤为：①首先建立评价因子集，（如 pH 值、溶解氧等水质指标）。②建立评价集（如包括Ⅰ、Ⅱ、Ⅲ、Ⅳ、Ⅴ和劣Ⅴ 6 个等级）。③获取评价因子的实际监测数据，利用隶属函数，计算每一个评价因子在不同等级下的隶属度，生成模糊关系矩阵。④根据不同的水域环境下每个评价因子重要程度的不同，生成权重集。⑤将生成的模糊关系矩阵和权重集进行复合运算，得到综合评价矩阵。在综合评价矩阵中，选取隶属度最大的值所对应的等级作为最终评价等级。模糊综合评价法在应对等级边界模糊等情况时有很好的效果，能较为客观地评价水环境状况。但是该方法中没有一个通用的标准来确定每个水质指标的权重，由人为主观因素确定的权重集往往会导致评价结果差异较大，并且在不同水域环境中水质指标的重要程度不同，使该评价方法不具备通用性。

内梅罗污染指数法：选择某一项水质等级标准为基础，代入公式计算各项水质指标在不同水质等级下的标准内梅罗污染指数，再计算采集到的真实水质数据的内梅罗污染指数，对比观察该指数在哪个标准的内梅罗污染指数范围内，即可得到对应评价等级。

人工神经网络法：模拟人脑神经系统对复杂信息的处理过程，构建一个自适应性、自组织性和容错能力强的数学模型，用于水质综合评价。在水环境评价中，应用最广泛的人工神经网络是 BP 神经网络。该网络一般由输入层、隐藏层、输出层组成。输入层用来输入几种水质指标数据，输出层输出水质等级。其基本思想是利用已知样本在模型中先正向计算，得出输出值和样本真实值之间的误差，再反向修改模型中连接各神经元的权值，直到模型输出值与样本真实值基本匹配时，模型训练结束。这样训练好的模型可用于对后续采集到的水质数据进行综合评价。

综上所述，单因子评价法不能够综合地评价水质。模糊综合评价法受人为主观性影响较大，会导致评价结果存在差异。内梅罗污染指数法没有综合考虑每个水质指标在水质评价中所占权重的不同，过于突出最大污染因子。基于 BP 神经网络的水质评价法，通过计算机训练得到的水质评价模型，具有客观、计算简便、通用等特点，只需在模型中输入水质指标数据就能输出得到相应的水质等级。因此，许多研究中的水质评价模型会采用 BP 神经网络法，输入层应包括国家发布的最新水质评价指标，即 pH 值、溶解氧、氨氮、高锰酸盐指数、总磷五项指标，输出层则为Ⅰ～劣Ⅴ等 6 类水质等级。

参考文献

［1］吴长航，王彦红．环境保护概论 [M].北京：冶金工业出版社，2017.

［2］戴财胜．环境保护概论 [M].徐州：中国矿业大学出版社，2017.

［3］张艳梅．污水治理与环境保护 [M].昆明：云南科技出版社，2017.

［4］王月琴，李鑫鑫，钟乃萌．环境保护与污水处理技术及应用 [M].北京：文化发展出版社有限公司，2019.

［5］秦毓茜．新时代生态环境与资源保护研究 [M].郑州：河南大学出版社，2019.

［6］代玉欣，李明，郁寒梅．环境监测与水资源保护 [M].长春：吉林科学技术出版社，2021.

［7］徐静，张静萍，路远．环境保护与水环境治理 [M].长春：吉林人民出版社，2021.

［8］崔虹．基于水环境污染的水质监测及其相应技术体系研究 [M].北京：中国原子能出版社，2021.

［9］李明明．自动监测技术在水环境保护中的应用 [J].中国新技术新产品，2020（15）：120-121.

［10］李熔曦．关于废水处理技术与水环境保护措施探讨 [J].资源节约与环保，2020（09）：35-36.

［11］修海霞．水质自动监测技术在水环境保护中的应用策略 [J].皮革制作与环保科技，2021，2（23）：65-67.

［12］何宇冰．水环境监测的质量控制与保障措施 [J].皮革制作与环保科技，2021，2（20）：48-49.

［13］简丽英．基于生态经济视角的水环境保护博弈与策略研究 [J].皮革制作与环保科技，2021，2（22）：84-85.

［14］夏钟．水环境监测及水污染防治探究 [J].皮革制作与环保科技，2021，2（23）：116-118.

［15］郑建.水环境保护中水质自动监测技术的运用讨论［J］.皮革制作与环保科技，2021，2（22）：94-96.

［16］魏娇娜.水资源污染治理方案与水环境保护路径［J］.皮革制作与环保科技，2021，2（22）：103-104.

［17］肖凯.水质自动监测技术在水环境保护中的应用［J］.化工管理，2021（32）：44-45.

［18］罗建军.水质自动监测技术在水环境保护中的应用［J］.资源节约与环保，2021（08）：9-10.

［19］梁晓兰.生物监测技术在水环境监测中的应用［J］.皮革制作与环保科技，2021，2（24）：92-94.

［20］程红.水环境保护中自动监测技术的应用［J］.江西建材，2021（06）：214-215.

［21］孔维芳.水环境保护与生态修复措施研究［J］.皮革制作与环保科技，2021，2（06）：73-74.

［22］翟赛赛，张乃文.生物技术在水环境监测中的应用［J］.中国高新科技，2022（04）：122-123.

［23］冯威.水资源开发利用及水环境保护问题研究［J］.资源节约与环保，2022（04）：27-30.

［24］周俊.废水处理技术与水环境保护措施探讨［J］.皮革制作与环保科技，2022，3（06）：27-29.

［25］符才杰.水环境保护及治理措施研究［J］.皮革制作与环保科技，2022，3（02）：85-87.